不锈钢设备腐蚀失效及可靠性分析

隋荣娟　著

HI SHIXIAO

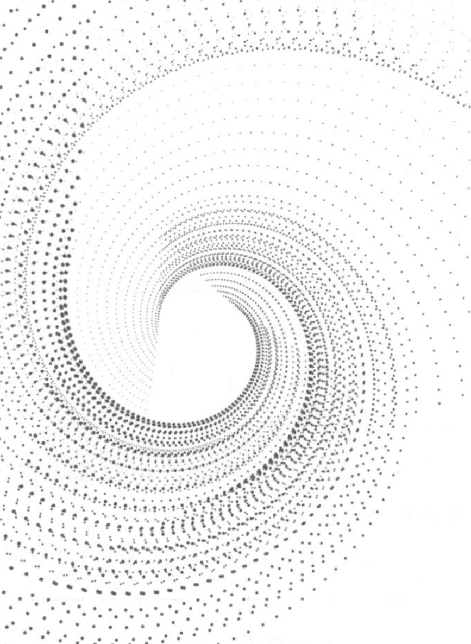

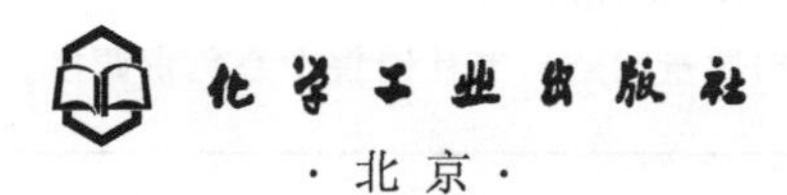

·北京·

内容简介

本书在应力腐蚀试验的基础上，分析了应力腐蚀的影响因素、点蚀的产生及随机性、裂纹的萌生及扩展、应力腐蚀失效概率等问题，揭示了介质压力对不锈钢设备应力腐蚀的影响规律，提出了点蚀萌生的判据，解释了多数裂纹萌生于坑口或坑肩的主要原因，并对不锈钢管道和废热锅炉腐蚀案例做了剖析讲解。

本书以设备可靠性分析领域的研究人员为主要读者，也可供高校相关专业科研人员、化工企业装备工程技术人员参考。

图书在版编目（CIP）数据

不锈钢设备腐蚀失效及可靠性分析/隋荣娟著．—北京：化学工业出版社，2020.12（2022.1 重印）

ISBN 978-7-122-38198-9

Ⅰ.①不… Ⅱ.①隋… Ⅲ.①不锈钢-设备-应力腐蚀-失效分析②不锈钢-设备-可靠性-分析 Ⅳ.①TG142.71

中国版本图书馆 CIP 数据核字（2020）第 240872 号

责任编辑：贾　娜　　　　文字编辑：林　丹　姚子丽

责任校对：张雨彤　　　　装帧设计：王晓宇

出版发行：化学工业出版社（北京市东城区青年湖南街 13 号　邮政编码 100011）

印　　装：涿州市般润文化传播有限公司

710mm×1000mm　1/16　印张 9　字数 189 千字　2022 年 1 月北京第 1 版第 3 次印刷

购书咨询：010-64518888　　　　售后服务：010-64518899

网　　址：http://www.cip.com.cn

凡购买本书，如有缺损质量问题，本社销售中心负责调换。

定　　价：69.00 元

前　言

随着奥氏体不锈钢材料在承压设备中的广泛应用，由 Cl^- 引起的应力腐蚀开裂事故频繁发生。因应力腐蚀开裂 (stress corrosion cracking, SCC) 引起的断裂属于低应力脆性破坏，常在设备没有任何先兆的情况下造成灾难性后果，严重威胁着人民的生命和财产安全。受环境、应力以及材料等因素的影响，应力腐蚀机理和过程颇为复杂，应力腐蚀失效具有很大的不确定性，虽然研究人员已对应力腐蚀机理、影响因素以及裂纹扩展等进行了大量研究，但仍有许多问题需要解决。为了进一步加深对奥氏体不锈钢应力腐蚀失效过程的认识，笔者针对应力腐蚀的几个关键问题展开研究，主要包括：应力腐蚀影响因素、点蚀的形成、裂纹的萌生和扩展、失效概率。弄清这些问题，有助于为防范设备的应力腐蚀失效采取针对性的措施。

笔者对应力腐蚀影响因素、点蚀坑的产生及随机性、裂纹的萌生及扩展、应力腐蚀失效概率等问题开展了研究，获得了介质压力对应力腐蚀的影响规律，提出了点蚀萌生的判据，解释了多数裂纹萌生于坑口或坑肩的主要原因，列举了不锈钢设备和管道失效分析案例。通过笔者的研究，能够促进应力腐蚀理论和风险分析理论的完善和发展，对保障奥氏体不锈钢设备的安全运行具有重要意义。

笔者自攻读研究生期间就致力于化工设备可靠性分析研究，近年来，一直从事该领域的研究。化工装备多属于压力容器，处于高温、高压、腐蚀性介质中，因设备失效而引发的灾难性事故时有发生，为引起科研人员、企业技术人员的足够重视，笔者将近年来的最新研究成果与大家分享，希望在提高化工装备可靠性方面贡献一份力量。本书以设备可靠性分析领域的研究人员为主要读者，也可供高校相关专业科研人员、化工企业装备工程技术人员参考。

本书由山东交通学院隋荣娟著。本书编写过程中，得到了王威强教授、陈颂英教授的悉心指导和帮助，在此表示衷心的感谢！感谢李国帅在试验过程中提供的帮助! 感谢相关企业为丰富本书内容提供了素材。

由于作者水平所限，书中不足之处在所难免，敬请广大读者批评指正。

著者

目 录

第1章　绪论

第2章　应力腐蚀试验

第3章 应力腐蚀影响因素关联性分析

第4章 点蚀产生和生长概率分析

第5章 应力腐蚀裂纹萌生与扩展概率分析

第6章 不锈钢管道失效分析案例

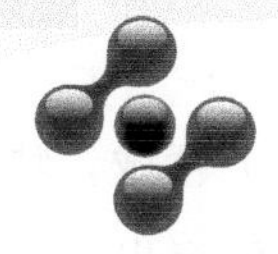

第1章

绪论

1.1 选题背景

金属腐蚀遍及生产和生活的各个领域，特别是在石油炼制、石油化工、煤化工、盐化工、冶金、核能等行业尤为突出。金属腐蚀不但引起资源浪费、环境污染，还严重影响设备的正常运行。特别是压力容器和管道等承压设备，往往处于高温、高压环境，内部介质具有易燃、易爆、有毒、强腐蚀性等特点，设备一旦发生破坏，将引起介质泄漏，进而引起中毒、火灾或爆炸等事故，严重影响人民财产和生命安全[1]。为解决各种腐蚀问题，一方面要采取防腐蚀措施，另一方面则要使用大量的耐腐蚀性材料。其中，不锈钢因具有良好的耐腐蚀性而被广泛应用。近年来，我国不锈钢消费量不断提高，2014 年国内不锈钢表观消费量达到 1606 万吨[2]，据中国特钢企业协会统计，2019 年中国不锈钢的产量和表观消费量分别达到 2940 万吨、2405 万吨。

在各类不锈钢材料中，由于奥氏体不锈钢具有全面的、良好的综合性能，其使用量约占整个不锈钢产量的 65%～70%。然而，奥氏体不锈钢的耐腐蚀性是相对的，例如，奥氏体不锈钢对 Cl^- 具有高度的敏感性，一定条件下，微量 Cl^- 就能够引起应力腐蚀开裂。据统计[3]，应力腐蚀失效在不锈钢承压设备各种腐蚀失效模式中所占比例达到了 55%。

奥氏体不锈钢应力腐蚀的普遍性，一方面源于奥氏体不锈钢材料使用的日益广泛，另一方面源于 Cl^- 的广泛存在。工业用水、保温材料、催化剂等都是 Cl^- 的来源，虽然有时这些环境中 Cl^- 浓度非常小，但微量的 Cl^- 常会在某个部位富集。因此，即使在严格的预防措施下，奥氏体不锈钢在 Cl^- 环境中的应力腐蚀失效事故仍然频繁发生。应力腐蚀断裂属于低应力脆性断裂，裂纹具有很大的隐蔽性。应力腐蚀开裂通常集中于尿素合成塔衬里背面、废热锅炉的炉管、蒸汽分配器、冷凝水收集器、蒸汽发生器、乙烯装置稀释蒸汽发生器等设备，由于应力腐蚀失效造成的后果小则停产维修或设备报废，大则引起泄漏、爆炸等严重事故。在 API 581[4] 中，氯化物应力腐蚀开裂最高敏感性的严重性指数居各类应力腐蚀敏感性指数之首。

应力腐蚀是个复杂的过程，影响因素众多，裂纹一旦形成则难以控制，设备的安全运行得不到保障，严重威胁企业的正常生产。虽然人们已对奥氏体不锈钢应力腐蚀做了大量研究，但是对应力腐蚀机理以及过程的认识还不够充分，对影响因素考虑还不周全，从而导致应力腐蚀失效分析具有很大的不确定性。同时，应力腐蚀失效概率分析是风险评估的重要组成部分。2009 年颁布的 TSG D0001—2009《压力管道安全技术监察规程——工业管道》[5]首次规定在定期检验中可以按照基于风险检验（RBI）的结果确定检验周期。2009 年颁布的 TSG 21—2016《固定式压力容器安全技术监察规程》[6]要求第Ⅲ类压力容器或者用户要求的其他压力容器设计时，应出具包括主要失效模式和风险控制等内容的风险评估报告。TSG D7003—2010《压力管道定期检验规则——长输（油气）管道》[7]附件中推荐了 4 种风险评估方法。GB 150—2011《压力容器》[8]对风险评估做了原则性规定。我国已将风险评估纳入承压设备的法规标准，但国内风险评估研究和实践刚刚起步，有许多需要研究的问题。应力腐蚀失效作为奥氏体不锈钢材料的一种重要失效模式，研究其失效概率可促进我国风险评估技术的发展。

1.2 国内外研究现状

1.2.1 概率分析方法

目前，研究应力腐蚀概率的模型有两类[9]：随机变量模型和随机过程模型。

（1）随机变量模型

该模型是在确定论基础上发展起来的[10]。首先确定系统退化特征值，然后再建立特征值与相关变量的关系式，再将公式中的变量看成随机变量，最后通过相应的计算方法得出结果。随机变量是影响特征值的一些重要物理量，可以是自变量，也可以是因变量，还可以是无关变量。随机变量可分为离散型随机变量和连续型随机变量[11]，离散型随机变量具有分布律，连续型随机变量具有概率密度函数 $f(x)$以及概率分布函数 $F(x)$，分布律和分布函数可分别描述不同类型随机变量的概率特性，对于研究应力腐蚀随机性中的随机变量一般都是连续型的，如材料性能、环境中离子浓度、温度、载荷等。确定随机变量分布类型以及参数是概率研究的重要内容，它们将直接影响失效概率的计算结果及其精确度。因此，随机变量的概率分布特性研究是一项基础性的研究工作。一般由观测数据确定随机变量概率分布类型[12]，并在此基础上确定其参数；当由已有的观测数据难以确定该随机变量的理论分布形式时，则定义一个实验分布，再进行拟合检验，最后根据有限比较法选择其中的最优概率分布类型作为参数的概率分布类型。正态分布、Weibull 分布、指数分布以及 Poisson（泊松）分布等都是应力腐蚀概率分析中常用的概率分布类型。

参数估计的方法有矩估计法、最大（极大）似然法、最小二乘法和贝叶斯估计法，其中矩估计法、最大（极大）似然法最为常用。矩估计法对任何总体都可以用，不需要事先知道总体的分布，方法简单，但是，变量分布特征没有得到有效使用，一般情况下，该方法的估计量有多个。最大似然法是在总体类型已知条件下使用的一种参数估计方法[13]，认为未知参数的估计值应使样本观测值出现的概率最大。有些随机参数总体服从什么分布是未知的，我们要对总体是否服从某种分布作检验，这样的检验称为分布的检验。常用的样本概率分布检验方法主要有：χ^2 检验、J-B 检验、A-D 检验、K-S 检验以及正态分布的概率纸检验等。χ^2 检验法可适用于离散型或连续型分布，是一种应用比较广泛的分布检验法。

（2）随机过程模型

随机过程按统计特性可分为平稳随机过程和非平稳随机过程，按照记忆特性可分为纯粹随机过程、马尔科夫随机过程和独立增量随机过程；按概率分布函数可分为高斯随机过程和非高斯随机过程[14]。平稳随机过程是一类基本的、重要的随机过程，实际工程领域所遇到的很多概率问题都可以认为是平稳随机过程[15]，平稳随机过程的统计特性不随时间的变化而发生变化，也就是说，对于时间 t 的任意 n 个数值 t_1，t_2，…，t_n 和任意实数 τ，如果随机过程 $X(t)$ 的 n 维分布函数满足如下关系式[14]，则 $X(t)$ 称为平稳随机过程。

$$\begin{aligned}&F_n(x_1,x_2,\cdots,x_n;t_1,t_2,\cdots,t_n)\\&=F_n(x_1,x_2,\cdots,x_n;t_1+\tau,t_2+\tau,\cdots,t_n+\tau)\qquad n=1,2,\cdots\end{aligned} \tag{1-1}$$

在研究应力腐蚀随机性问题中，泊松过程和马尔科夫过程是常用的两种随机过程：

① 泊松过程是一种重要的独立增量过程，是服从泊松分布的离散随机过程。其应满足两个条件。不同时间区间内所发生事件的数目是相互独立的随机变量；在时间区间 $[t,t+\Delta t]$ 内，发生事件数目的概率分布为：

$$P\left[N(t+\Delta t)-N(t)=k\right]=\frac{e^{-\lambda\Delta t}(\lambda\Delta t)^k}{k!} \tag{1-2}$$

式中，λ 为强度因子，表示单位时间内事件发生的平均数。

齐次泊松过程（homogenous Poisson process，HPP）属于平稳增量过程，因此，λ 为一正常数，且均值 $E[X(t)]=\lambda t$。平稳增量过程有时并不适合描述腐蚀的实际情况，因此引入了非齐次泊松过程（non-homogenous Poisson process，NHPP）。在非齐次泊松过程中，强度因子成为一个与事件有关的强度函数 $\lambda(t)$，代表了不同起始时间段事件发生的数目。事件在 Δt 时间内发生 k 次的概率为：

$$P\left[N(t+\Delta t)-N(t)=k\right]=\frac{\left[\Lambda(t+\Delta t)-\Lambda(t)\right]^k}{k!}e^{-\left[\Lambda(t+\Delta t)-\Lambda(t)\right]} \tag{1-3}$$

② 马尔科夫过程是一种应用极为广泛的随机过程，常用来研究材料的退化过程。该过程具有如下特性，在已知目前状态 $X(t)$ 条件下，它未来的状态 $X(u)(u>t)$ 不依赖于以往的状态 $X(v)(v<t)$，只取决于当前状态，即：

$$P_{\mathrm{f}}\left[X(u)=y\,|\,X(v)=x(v),v\leqslant t\right]=P_{\mathrm{f}}\left[X(u)=y\,|\,X(t)=x(t)\right],\forall u>t \tag{1-4}$$

在随机过程研究中，通常把状态和时间离散化，这种马氏过程称为马尔科夫链（Markov chain，又称马氏链）。对于马尔科夫链，最重要的是确定所有状态间可见的两两转移概率，假设一个马氏链总共有 N 个状态，则其状态转移概率为一个 $N\times N$ 的矩阵，由一步转移概率可以写出其转移矩阵[16]为：

$$\boldsymbol{P}=\begin{bmatrix} P_{11} & P_{12} & \cdots & P_{1N} \\ P_{21} & P_{22} & \cdots & P_{2N} \\ \vdots & \vdots & \cdots & \vdots \\ P_{N1} & P_{N2} & \cdots & P_{NN} \end{bmatrix} \tag{1-5}$$

理论上，马尔科夫过程能很好地满足工程实际，但在实际应用中会遇到不少问题，主要有两个难点：实验数据的测量和转移概率的计算。

（3）失效概率计算

根据可靠性理论，把结构的可靠和失效两种工作情况的临界状态称为结构的极限状态。GB 50153—2008[17]中对结构极限状态的定义为：整个结构或结构的某一部分超过某一特定状态就不能满足设计规定的某一功能要求，此特定状态为该功能的极限状态。当结构丧失了规定的功能时，就认为失效。广义的“失效”认为只要出现以下三种情况就是失效：

① 完全不能工作（完全丧失功能）；

② 虽仍能工作，但不能完全满足规定的功能（功能衰退）；

③ 能工作和完成规定功能，但不能确保安全，应更换维修。

结构的极限状态方程为：

$$Z=g(X_1,X_2,\cdots,X_n) \tag{1-6}$$

当 $Z<0$ 时，结构失效，失效概率 P_{f} 表示为：

$$P_f = P(Z < 0) = \iint\limits_{Z<0} \cdots \int f(x_1, x_2, \cdots, x_n)\, dx_1 dx_2 \cdots dx_n \tag{1-7}$$

失效概率的求解方法主要有三种[18,19]：一是解析解法；二是近似解法；三是数值解法，包括数值积分法和模拟法。解析解法是最直接的一种求解方法，但绝大多数情况下，解析解法很难求出失效概率，只能采用近似解法，其中最常用的是一次二阶矩法。对于应力 S 和强度 R 都服从正态分布的情况，采用一次二阶矩法计算可靠性系数 β，一旦得到可靠性系数，失效概率可由下式计算：

$$P_f(t) = \Phi[-\beta] = 1 - \Phi[\beta] \tag{1-8}$$

一次二阶矩法存在一定的局限性[20]：一般情形下精度较差；极限状态方程缺乏不变性。为了解决极限状态方程缺乏不变性，1974 年，Hasofer 与 Lind[21] 对一次二阶矩法进行了改进，后被称为改进的一次二阶矩法，也称为 H-L 法。

前两种方法都是针对服从正态分布的随机变量，而在实际工程问题中，很多随机变量往往为非正态分布，针对这种情况，Fiessler 等[22] 提出了当量正态分析法，这种方法可适应于求解任意分布随机变量的失效概率。数值解法是求解失效概率的常用方法，数值积分法和解析解法一样，都是直接积分求解结构的失效概率，但是受联合概率密度函数复杂性的影响，这种方法的使用范围受到限制；而数值模拟法是解决复杂概率问题的有效方法。随着计算机容量和计算速度的提高，目前，数值模拟法成为概率分析的一种普遍方法，数值模拟的主要作用是把概率模型转化为统计问题，以便可以采用标准统计学方法分析结果。蒙特卡罗模拟法[23]是一种传统的计算方法，它的基本思想是用基本随机变量的联合概率密度函数进行抽样，用落入失效域内样本点的个数与总样本点的个数之比作为所定义的失效概率。该方法不受随机变量维数限制、不存在状态空间爆炸问题，且不受任何假设约束，可以用来解决高维动态失效概率的求解难题[24]，当抽样试验次数足够多时，近似解的精确度高，是目前应用最多的一种数值模拟方法。

1.2.2 点蚀及其概率研究进展

奥氏体不锈钢应力腐蚀开裂过程可分为两个阶段[25]：一是金属表面钝化膜破坏引发点蚀；二是点蚀坑发展为裂纹。源于点蚀的应力腐蚀破坏链可以分为五个基本过程，如图 1-1 所示。

图 1-1 应力腐蚀破坏链

点蚀与应力腐蚀紧密相关，作为应力腐蚀裂纹的重要起源，90 多年来，人们对点蚀的研究一直没有中断，然而，至今为止点蚀机理及预防并没有完全弄清楚。

（1）机理

对于点蚀形核机理，学者们已做了大量研究。1998 年，Frankel[26]从热力学和动力学两方面对点蚀的机理做了大量的阐述，并分析了合金成分和微观结构、腐蚀介质的组成及温度等对点蚀的影响。文献［27］从亚稳态点蚀的形核机理、生长、向稳态点蚀转化等几个方面，总结了近年来的研究成果。2015 年，Soltis[28]从点蚀特征、钝化膜破裂机理、点蚀生长、点蚀坑的演化及点蚀形貌等方面，全面综述了人们对点蚀 90 多年的研究成果。奥氏体不锈钢点蚀的形成是由于钝化膜发生了局部破裂。目前，有关钝化膜破裂的机理主要有三类：穿透机理、断裂机理和吸附机理。穿透机理[29,30]的观点是：侵蚀性阴离子能够穿透氧化膜，破坏了氧化膜的完整性，阴离子进入材料基体后引起金属溶解。与 Br^- 和 I^- 比较，Cl^- 的直径较小，更容易穿透氧化膜，因此，对于 Fe 和 Ni 合金材料，Cl^- 是最具侵蚀性的阴离子。断裂机理[31,32]认为，当金属处于含有侵蚀性阴离子的环境时，由界面张力、电致伸缩压力、静电压力等所造成的钝化膜机械应力破坏先于金属溶解的发生。吸附机理[33,34]认为，侵蚀性阴离子吸附在氧化膜表面，促进了氧化膜中的金属离子向电解液转移，使钝化膜表面引起局部表面减薄，并最终导致局部溶解。

每种膜破裂机理都有一定的理论依据，但也有被质疑的一面。因此，有学者提出了一些其他的点蚀形核理论，例如局部酸化理论[35]、金属-氧化物边界空洞理论[36-38]、电击穿理论[39]等。点蚀的产生既受材料影响又受环境影响，因此，钝化膜的破坏可能受多种机制的共同控制[40]。以上机理的提出都是基于纯金属体系。然而，任何一种材料的表面都不是光滑完整的，对于不锈钢而言，表面存在夹杂物、沉淀等活性点，这些活性点是诱导点蚀萌生的关键因素。研究人员普遍认为，不锈钢金属的点蚀优先从硫化物夹杂部位萌生[41-45]，并通过不同的实验方法来解释这一现象。2007 年，Oltra 等[46]采用微型电化学探测技术和有限元模拟方法，从应力的角度解释了点蚀萌生于 MnS 夹杂处的原因，他认为由于 MnS 夹杂物弹性模量和基体材料弹性模量相差很大，在夹杂物周围产生一定的应力梯度，进而促进了金属的溶解。Zheng 等[47]采用透射电镜观察，发现不锈钢夹杂物 MnS 中含有 $MnCr_2O_4$ 纳米颗粒，这类颗粒的结构为八面体；同时，研究发现，MnS 与 $MnCr_2O_4$ 颗粒的界面优先溶解，最终引起 MnS 溶解，这一发现解释了为什么 MnS 处常常为点蚀位置。而 Chiba 等[48]通过原位观察则认为点蚀都是起源于MnS夹杂与基体材料的接触部位，这是因为Cl^-环境中MnS的溶解导致了S元素在夹杂物周围沉积，S元素和Cl^-的协同作用使夹杂物周围的基体材料溶解[49,50]。

（2）影响因素

影响不锈钢点蚀形核的因素很多，除了材料表面夹杂，还有材料化学成分和微观结构，腐蚀介质的组成、温度和流动状态，以及设备的几何结构等因素。另外，受力状态对点蚀的形成也有一定影响。在存在应力的情况下，林昌健等[51]对奥氏体不锈钢腐蚀电化学行为进行了研究，结果发现力学因素可使表面腐蚀电化学活性增加，点蚀可优先发生在应力集中位置。对于均匀材料，Martin等[52]发现79%的点蚀起源于机械抛光引起的应变硬化区域。Yuan等[53]也发现，较大的外加拉应力对点蚀的发生有促进作用。Shimahashi等[54,55]通过微型电化学测量研究了外应力对点蚀萌生的影响，结果表明外加拉应力促进了MnS溶解，导致点蚀形成，甚至是裂纹的产生。

（3）随机特性

随着对点蚀的深入研究，人们逐渐认识到点蚀的萌生和生长具有很大随机性。20世纪70年代末是点蚀随机性研究集中期，有相当多的学者对于点蚀的随机性问题进行了深入研究。1977年，Shibata等[56]利用304不锈钢在NaCl溶液中的电化学实验数据，采用随机理论分析了点蚀电位和点蚀诱导时间的统计特性。研究表明：点蚀电位服从正态分布，通过分析不同时间内的点蚀数量，提出了点蚀生灭的随机过程[57]。Shibata等总共提出了6种不同的点蚀生灭过程[58]，并在后来的工作中基于钝化膜的点缺陷模型[59]，进一步研究了点蚀生灭的随机过程。1994年，文献[60]的作者提出了点蚀的分布函数理论，这些模型有助于解释实验结果。Williams等[61,62]把点蚀过程作为随机事件，并考虑点蚀的生灭过程，建立了点蚀萌生的随机模型，他认为稳态点蚀的生成概率可以表示为：

$$\frac{\mathrm{d}P(n)}{\mathrm{d}t}=\Lambda P(n-1)-\Lambda P(n) \tag{1-9}$$

式中，Λ为稳态点蚀的萌生率。

Laycock等[63,64]对Williams的模型进行了修正，他认为在实际情况中，研究最大点蚀尺寸是很重要的，他们的研究结果表明点蚀坑深度随时间呈指数关系增长，并采用4参数的广义极值分布预测了最大点蚀深度的发展规律。1988年，Baroux[65]认为点蚀萌生率是Cl^-浓度、温度以及不锈钢类型的函数，在不考虑实际钝化膜破裂机理的前提下，建立了有关点蚀萌生的动力学随机模型。1997年，Wu等[66]考虑了亚稳态点蚀和稳态点蚀之间的相互作用，建立了点蚀产生的随机模型，认为每个亚稳态的点蚀时间会影响随后的事件，并且这种影响随时间而衰减。点蚀的产生不是孤立的，相邻点蚀之间的相互作用会导致稳态点蚀的突然发生。Harlow[67]通过材料表面离子团尺寸、分布、化学成分的随机性，研究了点蚀萌生以及生长的随机过程。

1989年，Provan等[68]在不考虑点蚀产生过程的情况下，首先提出了点蚀深度增长的非齐次马尔科夫过程模型。1999年，Hong[69]将表示点蚀产生过程的泊松模型与表示点蚀增长的马尔科夫过程模型相互结合形成组合模型，这是第一次将点蚀的萌发过程与生长过程结合在一起进行研究。2007年，Valor等[70]在文献[69]的研究基础上，改进了马尔科夫模型，通过Gumbel极值分布把众多点蚀坑的产生与扩展联合在一起研究。2013年，Valor等[71]分别使用两个不同的马尔科夫链模拟了地下管道的外部点蚀过程和点蚀试验中最大点蚀深度。

Turnbull等[72]根据实验结果，对点蚀的发展规律进行了统计学分析，对于点蚀坑深度的变化，建立了一方程，并给出了点蚀深度随时间呈指数变化的关系式，该模型属于典型的随机变量模型，未涉及点蚀坑萌生数量。Caleyo等[73]研究了地下管道点蚀坑深度和生长速率的概率分布，结果发现，在相对较短的暴露时间内，Weibull和Gumbel分布适合描述点蚀深度和生长速率的分布；而在较长的时间内，Fréchet分布最适合。Datla等[74]把点蚀的萌生过程看作泊松过程，点蚀坑的尺寸看成满足广义帕雷托分布的随机变量，并用来估算蒸汽发生管泄漏的概率。Zhou等[75]基于随机过程理论，运用非齐次泊松过程和非定态伽马过程模拟了点蚀产生和扩展两个过程。在Shekari等[76]提出的“合于使用评价”方法中，把点蚀密度作为非齐次泊松过程，最大点蚀深度作为非齐次马尔科夫过程，采用蒙特卡罗法和一次二阶矩法模拟了可靠性指数和点蚀失效概率。

点蚀随机性的研究主要集中在点蚀萌生和生长两方面，随机变量模型的优点在于能够结合机理，然而一旦机理不清，随机性分析将很难进行；随机过程模型是把系统退化看作完全随机的过程，系统退化特征值随时间的变化情况可以通过模拟直接获得，但受观测手段的限制，试验周期长，操作难度大。

1.2.3 应力腐蚀及其概率研究进展

应力腐蚀是材料的一种退化过程，这一过程会导致构件灾难性的破坏。应力腐蚀的发生需要三个基本条件，即材料、介质和应力，因此每种应力腐蚀对应不同的体系。由于应力腐蚀开裂现象发生突然且危害严重，促使人们对其诱发原因和破裂规律不断进行探讨[77-79]。目前，大量的应力腐蚀研究工作仍在进行。

（1）机理

奥氏体不锈钢应力腐蚀开裂的机理较多，主要包括滑移溶解机理[80]、隧道机理[81]、应力吸附断裂机理[82]等。滑移溶解理论[83]是较为公认的应力腐蚀开裂机理，金属在腐蚀介质中会形成一层腐蚀产物膜，金属表面膜的完整性因为位错滑移而被破坏，基体材料被溶解，新的氧化膜会产生，经过滑移—金属溶解—再形成腐蚀产物膜过程的循环往复，使应力腐蚀裂纹形核和扩展。滑移溶解机理得到了多数实验的验证，能够说明 SCC 穿晶裂纹的扩展，是目前得到普遍认可的机理。但它无法解释裂纹形核的不连续性、断口的匹配性及解理花样、裂纹面和滑移面的不一致性。

（2）影响因素

奥氏体不锈钢最常见的应力腐蚀开裂发生在含 Cl^- 的环境中。除了材料和受力状态之外，介质环境、构件几何结构以及流场等是影响应力腐蚀的主要因素。

①氯离子浓度。由于 Cl^- 对应力腐蚀的高度敏感性，使得临界 Cl^- 浓度成为研究应力腐蚀因素的重要内容。所有的研究表明，同等条件下随着 Cl^- 浓度升高，应力腐蚀开裂敏感性增加。在某些特定的条件下，水中 Cl^- 浓度达到 5mg/kg 就足以导致断裂。吕国诚等[84]试验发现 304 不锈钢在 60℃中性溶液中 Cl^- 浓度约为 90mg/kg 时就会发生应力腐蚀。而在实际事故中，温度在 80～90℃饱和氧条件下，水中 Cl^- 浓度≤1mg/kg，304(18-8)不锈钢长期使用后也会发生应力腐蚀断裂。

②温度。温度是不锈钢应力腐蚀开裂的另一个重要参数，一定温度范围内，温度越高，应力腐蚀开裂越容易。一般认为奥氏体不锈钢，在室温下较少有发生氯化物开裂的危险。关裔心等[85]对高温水中不锈钢应力腐蚀研究发现，250℃是 316L 不锈钢发生应力腐蚀开裂的敏感温度。从经验上看，大约在 60～70℃，长时间暴露在腐蚀环境中的材料易发生氯化物开裂。对于穿晶型应力腐蚀来说，温度较高时，即使 Cl^- 浓度很低，也会发生应力腐蚀。

③ pH 值。pH 值影响的实质是 H^+ 对应力腐蚀的作用，影响 H^+ 的还原过程。pH 值越低，开裂敏感性越大。随着溶液 pH 值的升高，材料抗氯化物开裂的性能随之得到改善。但是，pH 值在 2 以下，应力腐蚀将会被全面腐蚀代替。

④ 含氧量。在中性环境中有溶解氧或有其他氧化剂的存在是引起应力腐蚀破裂的必要条件。溶液中溶解氧增加，应力腐蚀破裂就越容易。在完全缺氧的情况下，奥氏体不锈钢将不会发生氯化物腐蚀断裂。氧之所以促进应力腐蚀的发生是因为 O_2 存在时，将会得到比应力腐蚀破裂临界电位更正的金属腐蚀电位值，尖端裂纹更易形成。

⑤ H_2S浓度。在含氯离子的溶液中，H_2S的作用是加速阳极溶解，降低孔蚀电位，从而促进由小孔腐蚀诱发的应力腐蚀破裂。在有氧的条件下，H_2S与金属产生FeS，FeS与氧和水发生反应生成连多硫酸。同时，反应生成的大量原子氢被吸附在金属表面，并通过缺陷部位向金属内部扩散，进入金属内部的氢将与位错发生交互作用，促进了位错的发射和运动，即促进了局部塑性变形，从而降低了材料产生裂纹的临界应力值[86]。

⑥ 应力因素。不锈钢应力腐蚀一般由拉应力引起，包括工作应力、残余应力、温差应力，甚至是腐蚀产物引起的拉应力，而由残余应力造成的腐蚀断裂事故占总应力腐蚀破裂事故总和的80%以上。残余应力主要来源于加工过程中由于焊接或其他加热、冷却工艺而引起的内应力。应力的主要作用是破坏钝化膜、加速Cl^-的吸附、改变表面膜成分和结构、加速阳极溶解等。

也有研究者认为压应力也可以引起应力腐蚀。随着对应力腐蚀研究的深入，人们发现应变速率才是真正控制应力腐蚀裂纹产生和扩展的参数，应力的作用在于促进应变。对于每种材料-介质体系，都存在一个临界应变速率值。在一定应变速率内，单位面积内萌生的裂纹数及裂纹扩展平均速率随应变速率的增大而增大。

⑦ 材料因素。研究表明，细晶可以使裂纹传播困难，提高抗应力腐蚀断裂的能力。奥氏体不锈钢中少量的δ铁素体可以提高抗应力腐蚀能力，但过多的铁素体会引起选择性腐蚀。不锈钢中的杂质对应力腐蚀影响也很大，杂质的微量变化可能会引起裂纹的萌生。如，S可以增加氯脆的敏感性，MnS可以优先被溶解形成点蚀，而Cl^-挤入孔核促进点蚀扩展，造成应力腐蚀加速。

⑧ 结构与流场。应力腐蚀作为一种局部腐蚀，常常受设备的几何形状以及流体的流速、流型等影响。例如，在废热锅炉中，换热管和管板之间存在微量的缝隙，缝隙中换热管外壁常会发生应力腐蚀[87-89]。Chen等[90]根据废热锅炉实际运行情况，通过模拟发现Cl^-沉积位置受到管路中湍流量和流动状态的影响，在弯曲部位沉积严重；对于变径管模型，Cl^-沉积主要集中在突扩处壁面。

(3) 裂纹萌生和扩展

对于应力腐蚀裂纹的萌生位置，研究人员普遍认为，一般情况下，裂纹从金属表面的点蚀坑处形核并扩展[91]。1989年，Kondo[92]最早提出预测点蚀向腐蚀疲劳裂纹转化的实质性方法，他把点蚀坑假设为与其长、深尺寸相同的二维半椭圆形表面裂纹，认为点蚀向裂纹扩展必须满足两个条件：点蚀深度大于门槛值；裂纹生长速率大于点蚀生长速率。在后来的疲劳裂纹产生研究中，该方法得到了广泛应用，并得到了进一步完善[93]。然而，把微小尺寸的点蚀坑等效为裂纹，此时裂纹的应力强度因子可能会大于微裂纹的扩展门槛值。为避免以上问题，文献［94］进一步研究了应力强度因子准则，并对其进行了改进。借鉴 Kondo 准则，2006 年，Turnbull 等[72]建立了点蚀转化为应力腐蚀的准则，并根据点蚀生长率公式推导出裂纹萌生时点蚀坑临界深度。

受观测技术的影响，在裂纹萌生研究的早期，人们认为裂纹萌生于点蚀坑底部，并且点蚀坑要超过一定深度裂纹才萌生。然而，随着观测技术的发展，研究人员发现，实际的裂纹萌生情况并不像以前推测的那样。从 21 世纪初期开始，研究人员借助成像技术加大了对裂纹萌生过程的观察。Turnbull[95] 和 Horner 等[96]通过 X 射线计算机断层成像技术观察到：裂纹主要萌生于点蚀坑开口部位或者附近。他们对于所观察到的这一现象，无法从电化学角度来解释，因此试图从力学角度出发寻求解答[97]。于是，Turnbull 等采用有限元模拟了圆柱形试样表面正在生长的半球形点蚀坑受拉伸应力时应力和应变的分布情况，结果表明：塑性应变出现在坑口下面的壁面，而不是坑底。随着外加应力的降低，裂纹发生在坑口的比例增加，当外加应力为 50％屈服强度时，没有裂纹起源于坑底[98]；因此，Turnbull 等认为，在外载荷下点蚀生长引起的动态塑性应变可能是引起裂纹的主要原因，同时，他们也认为不能忽略环境的作用。另外，Acuna 等[99]发现裂纹萌生主要受合应力的方向和点蚀坑深径比的影响。Zhu 等[100]通过对材料施加超低弹性应力（20MPa），发现裂纹优先在肩部形核而不是在坑底，因为此处应力和应变较大。Turnbull 的研究把浅坑等效为半球形、深坑等效为子弹形，这与实际的点蚀形貌有一定的差距。但是，他们对传统的裂纹萌生模型提出了质疑，这给了我们很大的启示。由于裂纹萌生的复杂性，最终没有给出明确的裂纹萌生新模型。

目前，最具代表性应力腐蚀裂纹扩展速率定量预测理论公式是 Ford-Andresen 公式和 FRI 公式（也称为 Shoji 公式）。但是由于这两个公式中一些参数不易确定，很难应用到实际工程中。工程中应用比较广泛的应力腐蚀裂纹扩展速率经验公式是 Clark 公式和 Paris 公式。Clark 公式[101]确定了材料的屈服强度和环境温度两个参数对裂纹扩展速率的影响；Paris 公式建立了应力强度因子和裂纹扩展速率之间的关系。以上公式考虑的都是高温水环境，对于 Cl^- 环境下应力腐蚀裂纹扩展，这些公式是否适合，还需要进一步的研究。

（4）随机特性

参数的不确定性引起对应力腐蚀裂纹的萌生、裂纹尺寸以及应力腐蚀失效分析结果的随机性。断裂韧度、屈服强度、缺陷增长率、初始缺陷形状和尺寸分布以及载荷是应力腐蚀随机性分析所涉及的主要随机变量。

目前，有关应力腐蚀裂纹萌生、扩展随机性的研究较少。Turnbull[72]通过分析实验数据，给出了点蚀转化为应力腐蚀裂纹可能性的三参数 Weibull 分布函数。1996 年，Scarf[102]对焊缝处裂纹萌生和扩展的随机性进行了研究，他认为裂纹萌生服从齐次泊松过程，裂纹生长满足 Weibull 分布，他所建立的概率模型属于经验公式，没有考虑裂纹产生的物理过程。

应力腐蚀失效的随机性与失效形式有关，不同的场合，应力腐蚀失效有不同的形式和准则。黄洪钟[103]和冯蕴雯等[104]认为，当应力强度因子 K_I 大于应力腐蚀临界应力强度因子 K_{ISCC} 时构件就发生应力腐蚀失效。应力腐蚀失效更普遍的形式是泄漏失效和断裂失效。当裂纹穿透壁厚时长度方向尺寸小于裂纹失稳扩展的临界长度，此时只引起设备的泄漏，不会产生爆破，这种现象也称为“未爆先漏（leak before burst，LBB）”[105]。从 1963 年 Irwin 率先提出未爆先漏的概念[106]至今，已形成了不同形式的 LBB 安全评定准则。其中，1990 年，Sharples 等[107]提出的含缺陷结构安全评定的 LBB 评定图技术是应用较方便的、较能适合工程安全评定的 LBB 准则，但是目前该评定图还只是一种静态评定。

当裂纹长度达到一定值时，裂纹便失稳扩展，导致设备应力腐蚀断裂失效。目前，采用断裂力学理论分析应力腐蚀断裂失效问题已经很成熟，同时概率断裂力学可以很好地解决应力腐蚀断裂失效的随机性。应力腐蚀断裂失效概率计算中，主要的随机变量是材料的断裂韧度。1999 年，张钰等[108]把应力强度因子 K_I 和断裂韧度 K_{IC} 作为随机变量，利用两端截尾分布理论及应力-强度干涉模型建立了断裂韧度的概率设计方法。材料断裂韧度是材料固有的特性值，由于分散性较大，一般被认为是服从 Weibull 分布或正态分布的随机变量[109,110]。应力强度因子的分布函数与材料屈服强度、裂纹形状和尺寸、应力等变量的随机性有关。2000 年，刘敏等[111]通过分析实验数据，给出了小样本下焊缝金属断裂韧度 J_{IC} 概率分布函数的确定方法，得出 S316L 焊缝金属断裂韧度的最优概率分布函数为 Weibull 分布。2010 年，Onizawa 等[112]考虑焊接残余应力的分布，采用概率断裂力学分析方法估算了奥氏体不锈钢管道应力腐蚀失效概率。

2001 年，薛红军等[113]采用概率有限元方法，计算了由载荷随机性、材料特性随机性和裂纹几何形状随机性所引起的应力强度因子随机性的统计量，并利用一阶可靠性理论确定结构脆性断裂的失效概率。2009 年，Tohgo 等[114]采用蒙特卡罗法模拟了敏化 304 不锈钢光滑表面应力腐蚀过程，微裂纹的萌生率由指数分布的随机数产生，裂纹萌生位置和裂纹尺寸分别由均匀随机数和正态随机数生成。祖新星等[115]利用 Clark 公式计算了裂纹扩展速率，采用蒙特卡罗方法在抽样及单次时长计算基础上，对一定年限内转子应力腐蚀失效的概率进行了预测，并计算了应力腐蚀产生飞射物的概率。

（5）模糊特性

随着对结构可靠性的深入研究，在考虑参数随机性的同时，人们逐渐认识到结构工程中存在的另一种不确定性，即模糊性。模糊性是指事物概念本身是模糊的，也就是说概念内涵模糊，边界不清楚，在质上没有确切的含义，在量上没有明确的界限[116]。目前，模糊数学可以解决由模糊性引起的不确定性问题，其中隶属函数可以使模糊性在形式上转化为确定性。陈国明[117]认为在断裂力学中，一些参数不仅存在随机性，而且具有模糊性，并提出了模糊概率断裂力学分支。在很多研究中[118-120]，研究人员把裂纹尺寸作为模糊变量，并给出了相应的隶属函数。周剑秋等[121]同时考虑参数的随机性和失效模式模糊性，提出了计算含缺陷压力管道模糊失效概率的方法。李强等[122]把断裂事件视为一个模糊事件，计算了模糊疲劳断裂失效概率。Anoop 等[123]对奥氏体钢管道应力腐蚀开裂进行了研究，把温度作为模糊变量，其余参数作为随机变量，给出了在一定载荷下应力腐蚀裂纹失效概率的隶属度函数。相对于一般概率理论，模糊概率理论起步较晚，尚处于探索阶段。

1.3 存在的问题

尽管前人已对奥氏体不锈钢应力腐蚀开裂做了大量的研究，但是由于应力腐蚀是个复杂的过程，在腐蚀机理、影响因素、裂纹扩展以及失效概率分析等方面仍存在一些问题需要解决：

（1）应力腐蚀影响因素有待补充

应力腐蚀是材料、环境和力学共同作用的结果。虽然，前人已对 Cl^- 浓度、温度、pH 值、材料微观结构等对应力腐蚀的影响做了大量研究，但是，由于因素众多，一些因素还未被考虑到。而且，在众多因素中，每种因素对应力腐蚀的影响程度如何，还不清楚。

（2）点蚀萌生的判据还未建立

作为应力腐蚀裂纹的萌生源，点蚀的生成至关重要。目前，人们从不同的角度分析了点蚀的机理，但是没有一个标准来判断点蚀是否形成。为了研究点蚀萌生的概率，有必要进一步研究点蚀机理，并建立相应的点蚀萌生判据。

(3) 点蚀生长模型以及概率模型尚不完善

点蚀的生长速率和形貌受力学和电化学溶解的共同作用，而且会随时间发生变化。拉应力下，点蚀坑的生长规律和形貌如何，还不清楚。目前，对奥氏体不锈钢点蚀生长的概率分析也很少，因此，有必要在分析点蚀生长模型的基础上，建立概率模型。

(4) 点蚀坑内裂纹萌生机理以及裂纹扩展规律有待研究

目前，对于光滑表面裂纹的萌生机理有了一定的认识，但是点蚀坑内裂纹的萌生以及点蚀形貌对裂纹萌生的影响还不清楚。裂纹扩展的研究大都集中在高温水环境中，对氯离子环境中裂纹扩展的研究很少，建立的扩展模型更是少之又少。弄清奥氏体不锈钢应力腐蚀裂纹扩展规律，也是很有必要的一项工作。

本著作中，通过作者对以上问题的研究，能够进一步增强对应力腐蚀失效过程的认识，提高奥氏体不锈钢设备的设计制造和操作管理水平，最大限度地防止失效事故的发生。

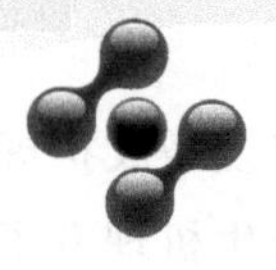

第2章

应力腐蚀试验

影响不锈钢材料应力腐蚀的因素众多，在过去几十年里，研究人员采用不同的试验方法对力学因素、环境因素、材料因素等已经做了大量的研究，并取得了非常有价值的成果。为了研究各影响因素的影响程度，人们采用灰色关联理论、耶茨算法以及正交试验设计等方法对各因素的显著性进行分析。但是，现实中多起因奥氏体不锈钢应力腐蚀引起的事故显示，环境压力对奥氏体不锈钢应力腐蚀产生较大影响，而前人的研究很少涉及，故笔者针对上述因素对奥氏体不锈钢应力腐蚀的影响展开研究，探寻上述因素对奥氏体不锈钢应力腐蚀的影响规律，为防止类似事故的发生提供试验和理论基础。

2.1 应力腐蚀试验方法

研究应力腐蚀的试验方法有多种，根据所研究材料、环境、应力状态及研究目的选择适当的试验方法至关重要。按照加载方式不同，应力腐蚀试验可分为恒变形法、恒载荷法和慢应变速率拉伸法，采用的试样一般分为三类：光滑试样、带缺口试样和预制裂纹试样。光滑试样主要用来研究应力腐蚀破裂的敏感性；带缺口试样是模拟金属材料中的宏观裂纹以研究材料的应力腐蚀敏感性；预制裂纹试样是预先在试样上加工出缺口并经疲劳处理产生裂纹，常用来测量应力腐蚀临界应力强度因子及裂纹扩展速率。常用的应力腐蚀试验方法如下[86]：

2.1.1 恒变形法

恒变形法是通过拉伸或弯曲使试样变形而产生拉应力，利用具有足够刚性的框架维持这种变形或者直接采用加力框架，保证试样变形恒定的应力腐蚀试验方法。这种加载方式往往用于模拟工程构件中的加工制造应力状态。恒变形法又可分为弯梁法、C 形环法、U 形弯曲法和音叉型法。

恒变形试验法的优点是：装置简单、试样紧凑、操作方便、可以定性地获得材料应力腐蚀敏感性。缺点是：不能准确测定应力值；试验过程中，伴随裂纹发展，往往会出现某种弛豫作用，从而导致试样承受的应力下降，使得裂纹的发展减缓或停止，显著影响试样的断裂时间，甚至可能观察不到试样断裂。

2.1.2 恒载荷法

恒载荷法是利用砝码、力矩、弹簧等对试样施加一定载荷以实现应力腐蚀试验，这种加载方式往往用于模拟工程构件可能受到的工作应力或加工应力。恒载荷法虽然载荷是恒定的，但试样在暴露过程中由于腐蚀和产生裂纹使其截面积不断减小，从而使断裂面上的有效应力不断增大。

目前，应力环测试系统是最常见的恒载荷试验设备，操作简单，精度相对较高。美国CORTEST公司生产的应力环测试系统的测试单元的载荷范围最高可达1700MPa，这种测试单元可以与标准耐热玻璃容器、高温容器或能承受13.6MPa、温度200℃的高温高压容器配套使用。每一个单独标定的CORTEST应力环都相应带有一张转换表，用于准确确定试样的载荷，如图2-1所示。应力环为试样提供持久不变的单向拉伸载荷。应力环的挠度由千分表测定，并可与刻度盘上的指示相核对。

图2-1 应力环测试装置

2.1.3 慢应变速率拉伸法

慢应变速率试验（slow strain rate testing，SSRT），是在一定环境中将拉伸试件放入特制的慢应变速率试验机中，以恒定不变的相当缓慢的应变速度通过试验机把载荷施加到试件，直至拉断。由于它具有可大大缩短应力腐蚀试验周期，并且可以采用光滑小试样等一系列优点，因而被广泛应用于应力腐蚀研究，特别是用于研究各种环境因素对应力腐蚀的影响。

慢应变速率试验结果通常与在不发生应力腐蚀的惰性介质（如油或空气）中的试验结果进行比较，以两者在相同温度和应变速率下的试验结果的相对值表征应力腐蚀的敏感性。主要有以下几个评定指标：

（1）塑性损失

以延伸率 δ 和断面收缩率 Z 作为参数，计算得到应力腐蚀敏感性指数 $F(\delta)$和 $F(Z)$，其值越大，表示应力腐蚀敏感性越强。

$$F(\delta)=\frac{\delta_0-\delta}{\delta_0}\times 100\% \tag{2-1}$$

$$F(Z)=\frac{Z_0-Z}{Z_0}\times 100\% \tag{2-2}$$

式中，δ_0、δ 分别为试样在惰性介质和腐蚀介质中的延伸率；Z_0、Z 分别为试样在空气和腐蚀介质中的断面收缩率。

（2）最大载荷

试样在拉伸过程中载荷达到的最大值。对脆性材料，往往用这个指标来衡量，特别是当应力还在弹性范围内试样就已滞后断裂时，用最大载荷作为判据就更合理。由最大载荷表征的应力腐蚀敏感性指数为：

$$F(l)=\frac{l_0-l}{l_0}\times 100\% \tag{2-3}$$

式中，l_0、l 分别为试样在惰性介质和腐蚀介质中的最大载荷。

（3）断裂时间

从开始试验到载荷达到最大值所经历的时间称为断裂时间 t_f。在应变速率不变的条件下，试样所需的断裂时间越短，说明材料对环境的应力腐蚀敏感性越高。应力腐蚀敏感性指数 $F(t)$定义为：

$$F(t)=\frac{t_f}{t_{f0}}\times 100\% \tag{2-4}$$

式中，t_{f0}、t_f 分别为试样在惰性介质和腐蚀介质中的断裂时间。

（4）内积功

应力-应变曲线图中，曲线与横轴围成的面积为试样断裂时的内积功。惰性介质和腐蚀介质试验中内积功差别越大，应力腐蚀敏感性也越大。应力腐蚀敏感性指数 $F(A)$ 定义为：

$$F(A)=\frac{A_0-A}{A_0}\times 100\% \tag{2-5}$$

式中，A_0、A 分别为试样在惰性介质和腐蚀介质中的内积功。

（5）断裂应力 σ_e

在腐蚀介质中和惰性介质中的断裂应力比值愈小，应力腐蚀敏感性就愈大。

(6) 断口形貌

对大多数压力容器钢材，在惰性介质中断裂后将获得韧窝性断口，而在腐蚀介质中，拉断后往往获得脆性断口。其中脆性断口比例愈高，则应力腐蚀愈敏感。如介质中拉断后断面存在二次裂纹，也可以用二次裂纹的长度和数量来衡量应力腐蚀的敏感性。

2.2 试验设计

以S32168奥氏体不锈钢为试验材料，材料的化学成分列于表2-1。试样加工成标距为25.4mm、直径为5.00mm的圆柱状，试样几何形状如图2-2(a)所示，实物如图2-2(b)所示。试验之前，试样先用400#、1200#、2000#三种不同规格的砂纸依次沿着纵向和横向交替打磨。打磨完成后，将试样依次放入乙醇和丙酮溶液中进行超声清洗，用去离子水冲洗并且吹干。试验溶液用NACE标准中规定的分析纯氯化钠、乙酸和去离子水配制，其中氯化钠的质量分数为5%，乙酸的质量分数为0.5%，溶液的pH值在3～4之间，试样编号及试验参数见表2-2。试验是在美国CORT-EST公司研制的慢应变速率应力腐蚀试验机上进行的，拉伸速率为$1.9\times10^{-6}s^{-1}$。每次试验结束，都会得到一条应力-应变曲线和断裂时间，随之可以得到最大应力、断面收缩率和伸长率。将拉断的试样先后用去离子水和乙醇清洗并吹干，用扫描电镜(SEM)观察断口形貌，然后将样品沿标距段纵剖，观察裂纹路径及深度方向的生长情况。

表2-1 S32168不锈钢的化学成分(质量分数) %

试样材料	C	Si	Mn	P	S	Ni	Cr	Mo
S32168	0.08	1.00	2.00	0.035	0.030	9.00	17.00	—

表2-2 试样编号及试验参数

试样编号	温度	压力	介质环境
0	常温	常压	空气
1	常温	常压	NACE标准溶液
2	150℃	1.6MPa	NACE标准溶液
3	150℃	11MPa	NACE标准溶液

续表

试样编号	温度	压力	介质环境
4	260℃	4.6MPa	NACE 标准溶液
5	260℃	11MPa	NACE 标准溶液

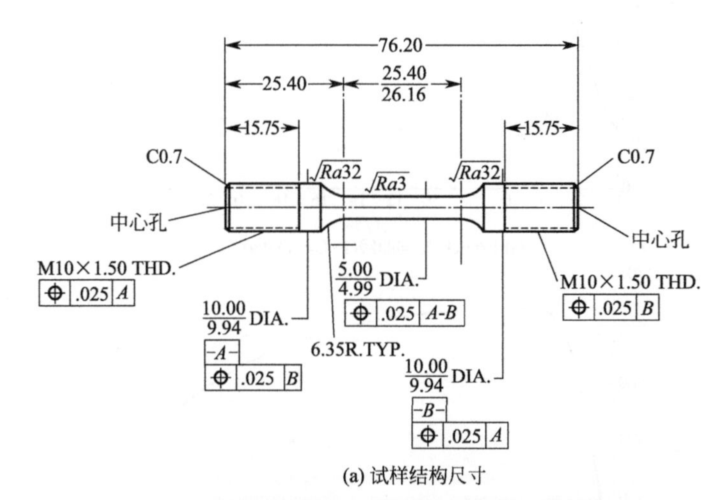

(a) 试样结构尺寸

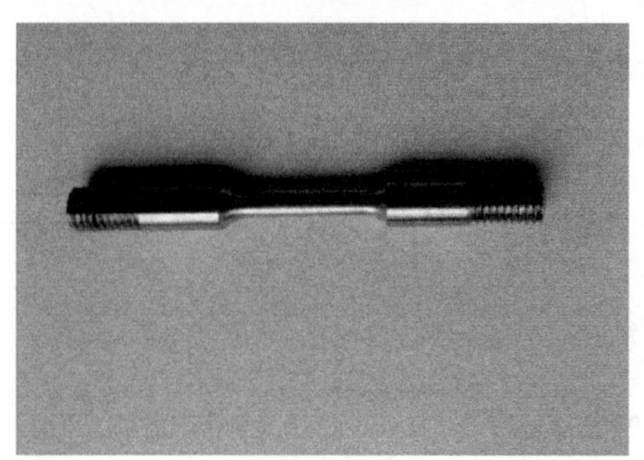

(b) 试样实物

图 2-2　试样

2.3 试验结果

2.3.1　腐蚀拉伸曲线

图 2-3(a)～(e)是试样在不同温度和操作压力下的腐蚀拉伸曲线，为便于分析，将 5 条曲线绘制在同一图中，如图 2-3(f)所示。

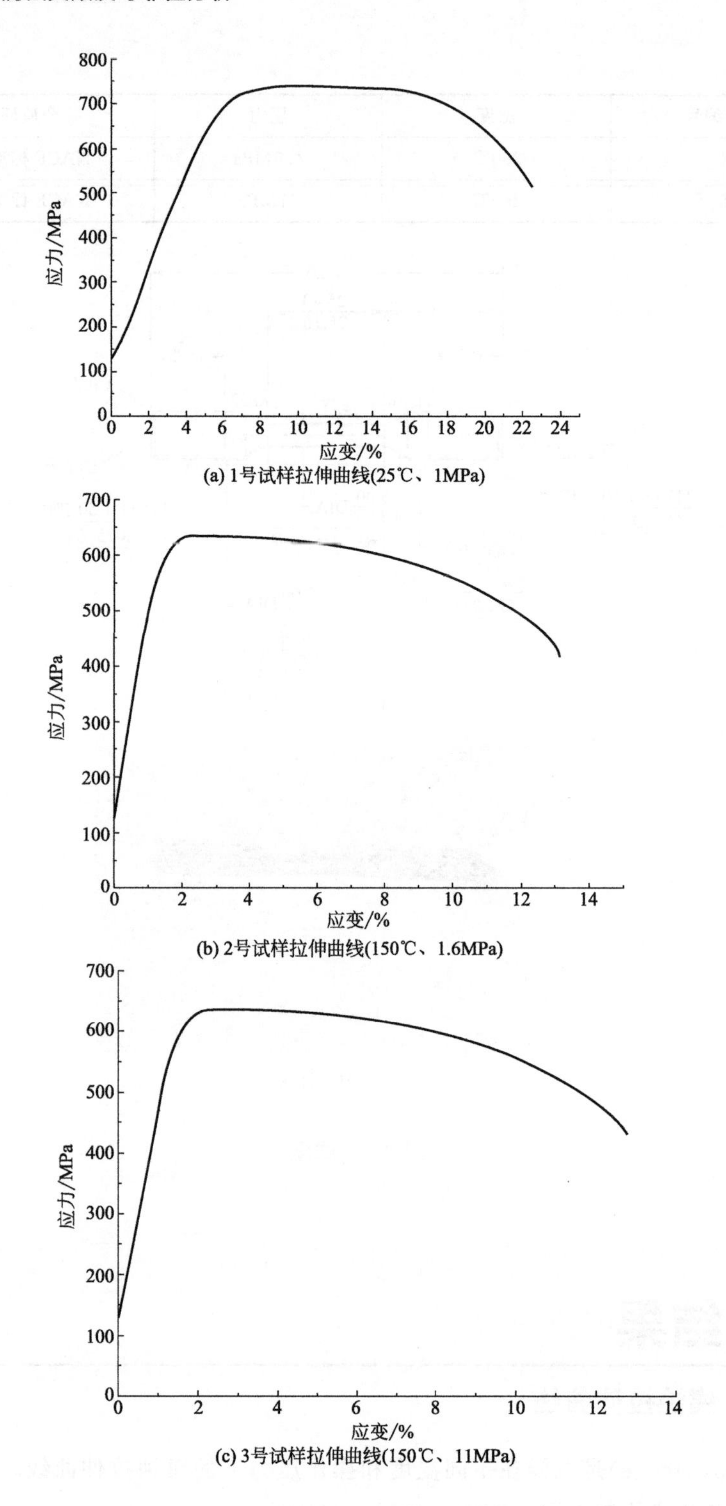

(a) 1号试样拉伸曲线(25℃、1MPa)

(b) 2号试样拉伸曲线(150℃、1.6MPa)

(c) 3号试样拉伸曲线(150℃、11MPa)

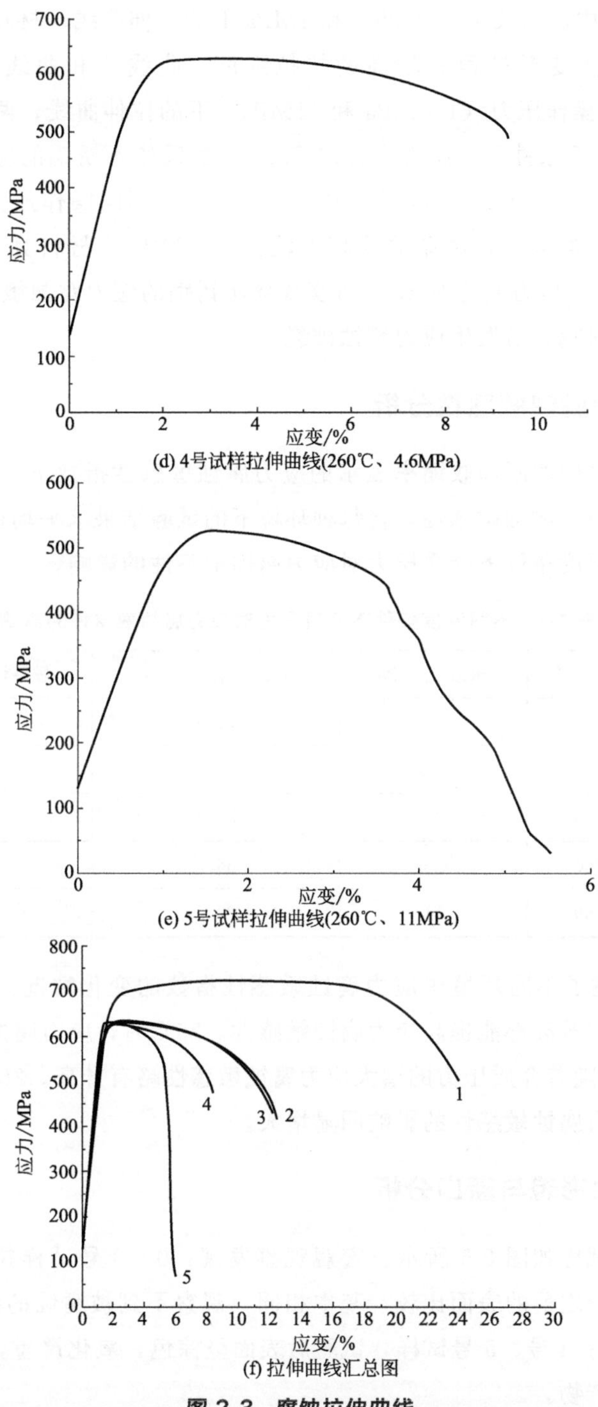
700
600
500
400
300
200
100
0
应力/MPa
0
2
4
6
8
10
应变/%
(d) 4号试样拉伸曲线(260℃、4.6MPa)
600
500
400
300
200
100
0
应力/MPa
0
2
4
6
应变/%
(e) 5号试样拉伸曲线(260℃、11MPa)
800
700
600
500
400
300
200
100
0
应力/MPa
1
2
3
4
5
0 2 4 6 8 10 12 14 16 18 20 22 24 26 28 30
应变/%
(f) 拉伸曲线汇总图

图 2-3　腐蚀拉伸曲线

图 2-3(f) 中，曲线 1 是在 25℃和 1MPa 下的拉伸曲线，材料在拉伸过程中具有明显的塑性变形过程和较高的抗拉强度。曲线 2 和曲线 3 是同一温度(150℃)、不同操作压力（1.6MPa 和 11MPa）下的拉伸曲线，两条曲线几乎重合，说明在 150℃条件下，压力变化对 S32168 奥氏体不锈钢的应力腐蚀敏感性影响不大。曲线 4 和曲线 5 是同一温度（260℃)、不同操作压力（4.6MPa 和 11MPa）下的拉伸曲线，两条曲线相差较大，11MPa 下材料具有很高的脆性，说明在 260℃时，压力变化对 S32168 奥氏体不锈钢的应力腐蚀敏感性影响较大，压力越高，材料越容易发生应力腐蚀破裂。

2.3.2 应力腐蚀敏感性分析

以塑性损失中的断面收缩率表示的应力腐蚀敏感性指数 $F(Z)$ 表示试样在不同环境下的应力腐蚀敏感性，将每种环境下的试验结果求平均值，如表 2-3 所示，可知不同温度条件下介质压力对应力腐蚀敏感性的影响。

表 2-3　不同温度条件下介质压力对应力腐蚀敏感性的影响

序号	温度 T/℃	压力 p/MPa	断面收缩率 Z/%	敏感性指数 $F(Z)$/%
1	25	1	70.3	2.4
2	150	1.6	56.3	21.8
3	150	11	55.2	23.3
4	260	4.6	36.9	48.8
5	260	11	20.6	71.4

图 2-4 描述了不同环境中应力腐蚀敏感性指数的变化情况，从图中可以看出，温度和压力升高都能提高应力腐蚀敏感性。25℃时，应力腐蚀敏感性指数很小；150℃时，随着介质压力的增大应力腐蚀敏感性略有升高。260℃时，介质压力的变化对应力腐蚀敏感性的影响明显增大。

2.3.3 腐蚀形貌与断口分析

拉断后的试样如图 2-5 所示。宏观观察发现：0～3 号试样拉断后，试样表面光泽，与实验之前的表面比较，基本相同，观察不到被腐蚀的痕迹，如图 2-5(a)～(d) 所示；4 号、5 号试样，试验后表面呈棕色，氧化严重，5 号试样表面还附着有腐蚀产物。

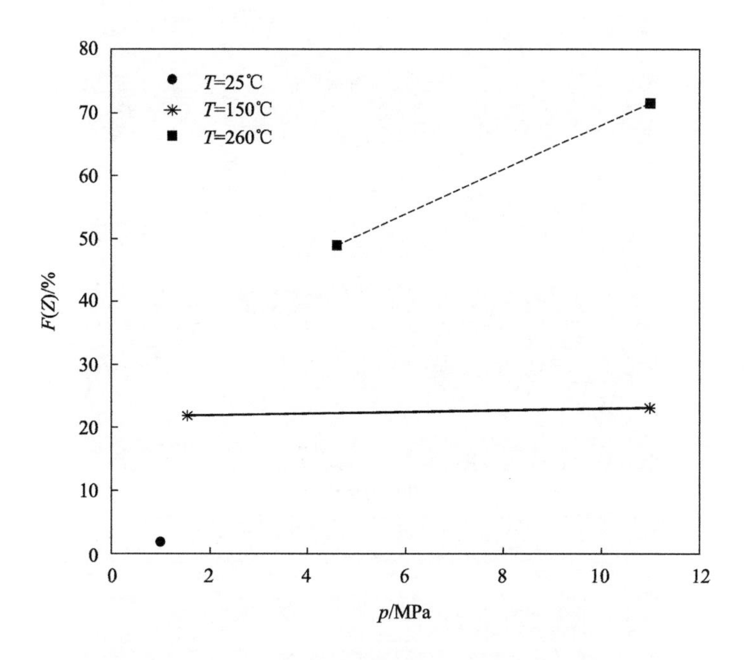

图 2-4　应力腐蚀敏感性指数 F (Z)变化规律

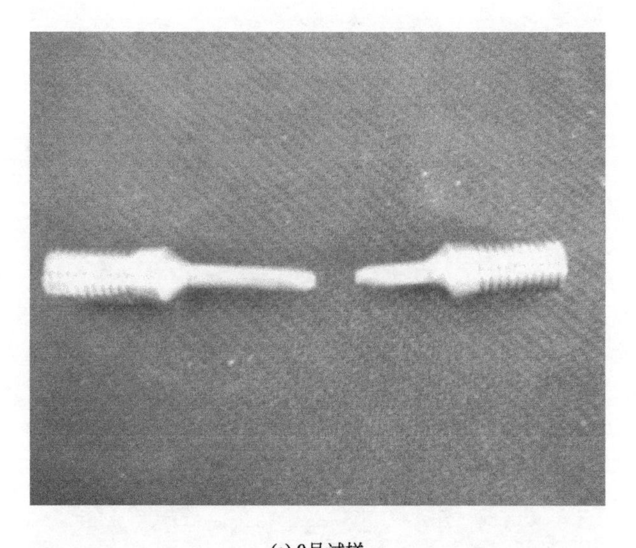

(a) 0号试样

图 2-5

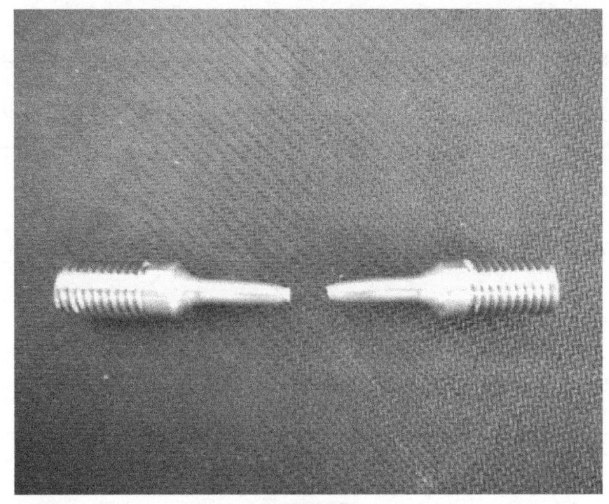

(b) 1号试样

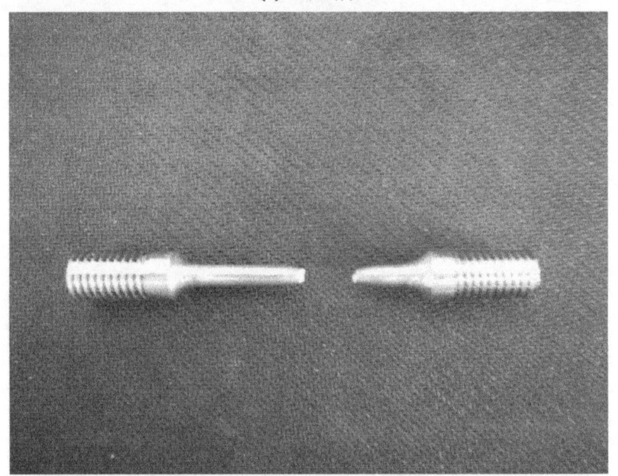

(c) 2号试样

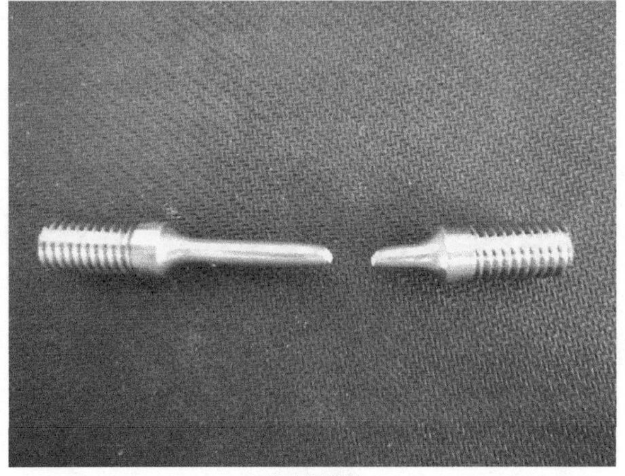

(d) 3号试样

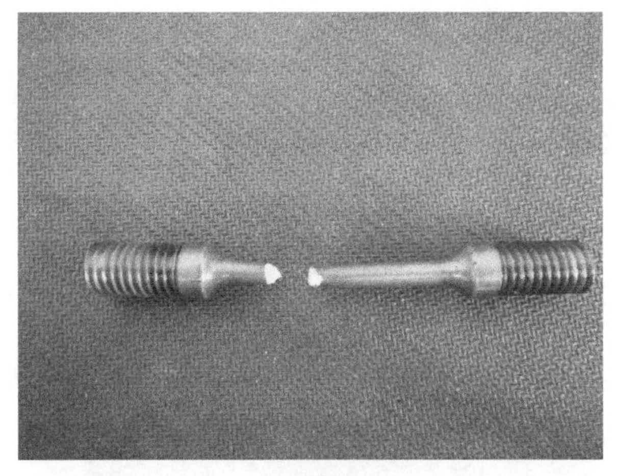

(e) 4号试样

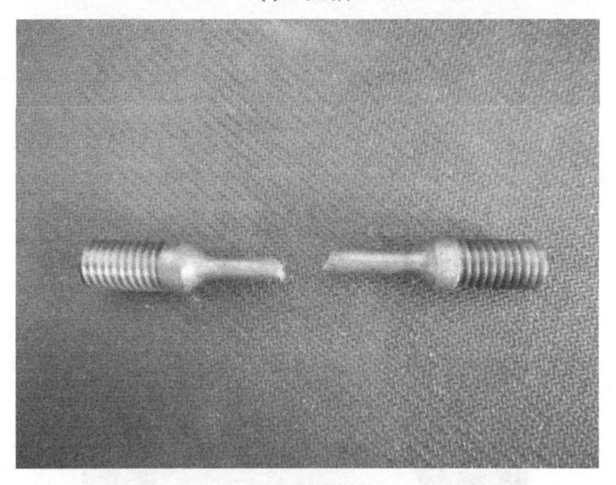

(f) 5号试样

图 2-5　拉断后的试样

采用扫描电镜（SEM）对试样断口附近圆柱面腐蚀形貌进行观察。1～3 号试样表面比较光滑，保持原有的金属色，颈缩比较严重，如图 2-6(a)、(c)、(e) 所示。4 号、5 号试样表面呈棕色，氧化严重，断口颈缩很小，如图 2-6(g)、(i) 所示。在 1 号试样断口附近观察到少量的点蚀坑 [图 2-6(b)]，而 2 号试样侧面的点蚀坑数量明显增加 [图 2-6(d)]。3 号试样断口附近存在大量的小裂纹，并且裂纹走向基本与拉伸方向垂直 [图 2-6(f)]。4 号、5 号试样断口附近表面因被氧化而存在大量的凹坑和突起，与 4 号试样比较，5 号试样表面的裂纹尺寸明显增加。与 1 号、2 号试样和 3 号试样相比，4 号、5 号试样在拉伸过程中表现出明显的脆性断裂特征，这说明温度对应力腐蚀有重要的影响。

100 µm
EHT = 20.00 kV
WD = 13.5 mm
Signal A = SE1
Mag = 50 X
Date :9 May 2013
Time :16:06:45
ZEISS
10 µm
EHT = 20.00 kV
WD = 13.0 mm
Signal A = SE1
Mag = 400 X
Date :9 May 2013
Time :16:13:48
ZEISS
200 µm
EHT = 20.00 kV
WD = 17.5 mm
Signal A = SE1
Mag = 20 X
Date :10 May 2013
Time :10:53:37
ZEISS
20 µm
EHT = 20.00 kV
WD = 18.0 mm
Signal A = SE1
Mag = 200 X
Date :10 May 2013
Time :10:57:23
ZEISS

(a)

(b)

(c)

(d)

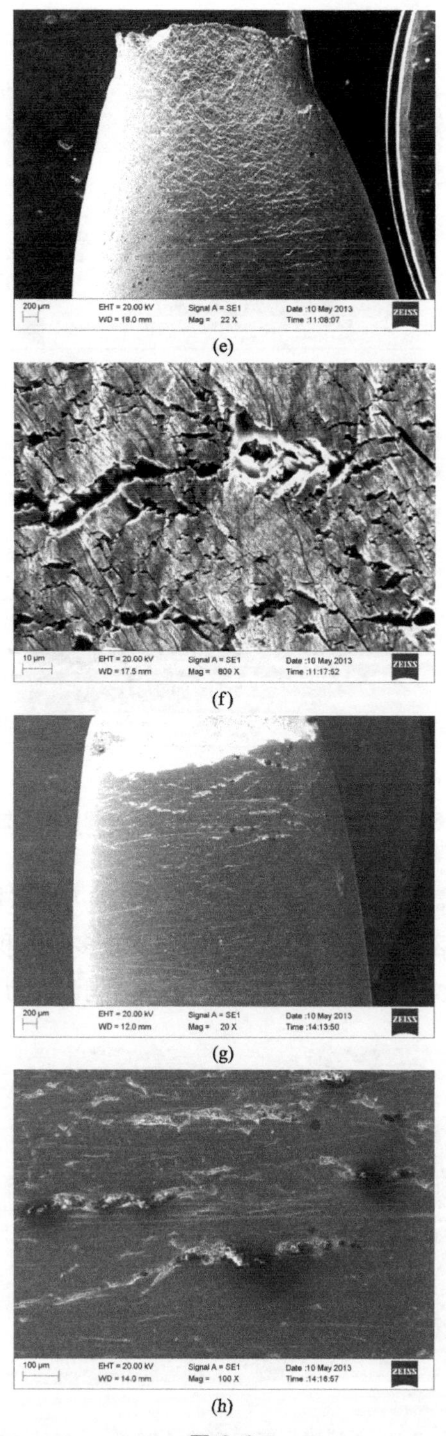
200 μm
EHT = 20.00 kV
WD = 18.0 mm
Signal A = SE1
Mag = 22 X
Date :10 May 2013
Time :11:08:07
ZEISS
10 μm
EHT = 20.00 kV
WD = 17.5 mm
Signal A = SE1
Mag = 800 X
Date :10 May 2013
Time :11:17:52
ZEISS
200 μm
EHT = 20.00 kV
WD = 12.0 mm
Signal A = SE1
Mag = 20 X
Date :10 May 2013
Time :14:13:50
ZEISS
100 μm
EHT = 20.00 kV
WD = 14.0 mm
Signal A = SE1
Mag = 100 X
Date :10 May 2013
Time :14:16:57
ZEISS

(e)

(f)

(g)

(h)

图 2-6

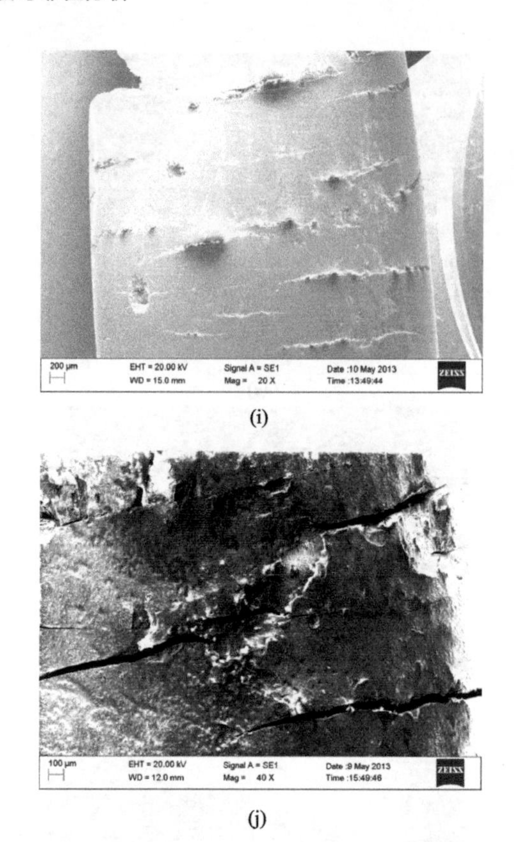

(i)

(j)

图 2-6 扫面电镜下拉断试样断口附近圆柱面腐蚀形貌

25℃、1MPa 环境下的断口形貌如图 2-7 所示。1 号试样断口为半杯状形貌，分为剪切唇区、放射区和纤维区，纤维区中韧窝较多且体积大，试样以韧性断裂为主，未发现二次裂纹，说明在此环境中 S32168 钢的应力腐蚀敏感性较低。

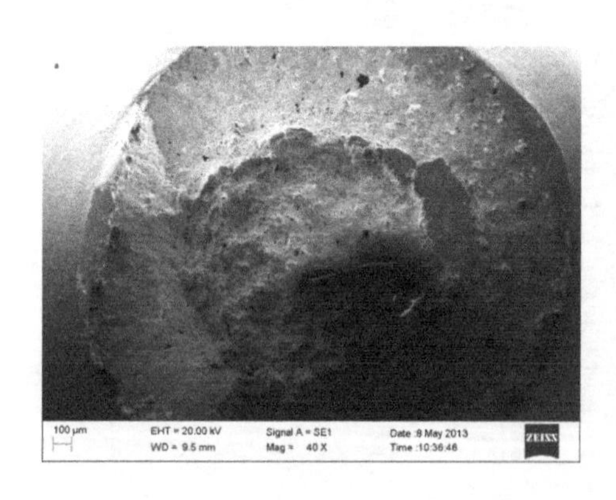

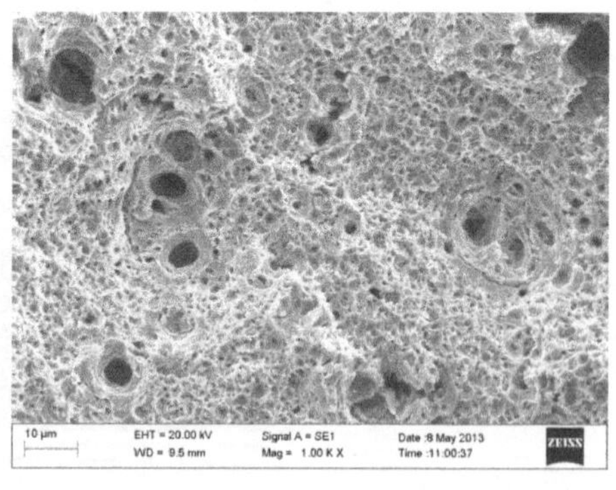

图 2-7 1 号试样断口形貌（25℃、 1MPa）

150℃、1.6MPa 环境下的断口形貌如图 2-8 所示。试样 2 断口也包含三个区，纤维区面积大，韧窝多，过渡区有少量台阶，该环境下仍以韧性断裂为主，但出现应力腐蚀断裂的特征，说明在此环境下试样的应力腐蚀敏感性升高。

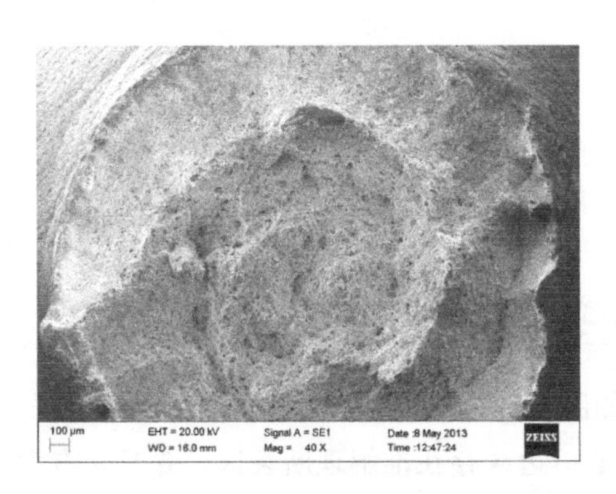

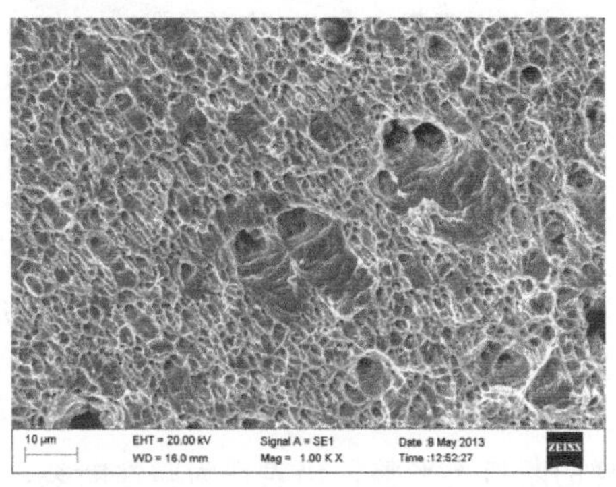

图 2-8　2 号试样断口形貌（150℃、 1.6MPa）

150℃、11MPa 环境下的断口形貌如图 2-9 所示。与 2 号试样比较，3 号试样断口中剪切唇区的面积减小，在靠近断口边缘部位出现准解理断裂形貌，此时，应力腐蚀敏感性随操作压力的升高略有升高。

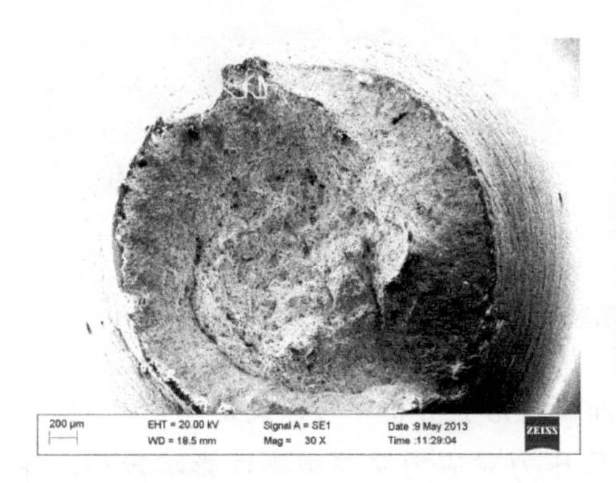

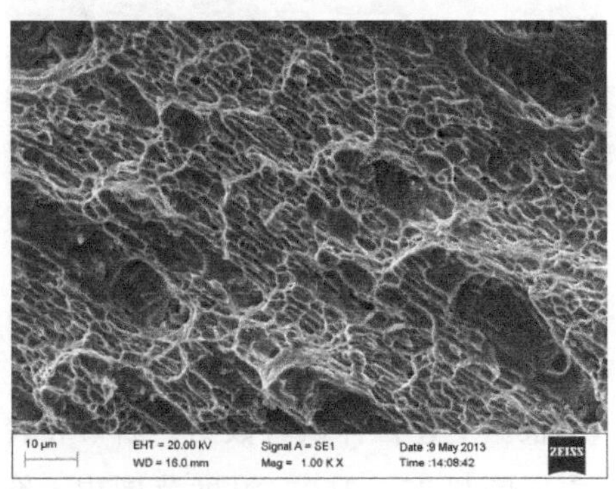

图 2-9　3 号试样断口形貌（150℃、 11MPa）

260℃、4.6MPa 环境下的断口形貌如图 2-10 所示。4 号试样断口较平整，剪切唇区面积很小，韧窝少且体积小，断口外缘呈现出扇形形貌，并存在一定量的腐蚀产物。整个断口表现出准解理断裂的特点，应力腐蚀敏感性明显增强。

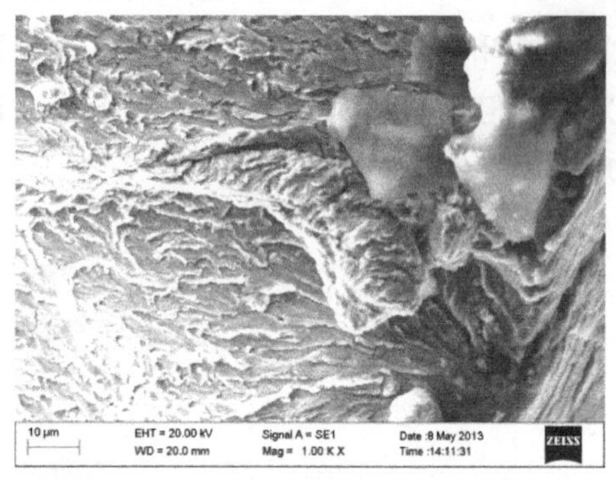

图 2-10　4 号试样断口形貌（260℃、 4.6MPa）

260℃、11MPa 环境下的断口形貌如图 2-11 所示。与 4 号试样比较，5 号试样的断口不平整，仍表现为脆性断裂，断口边缘存在准解理断裂区，并且含有大量的二次裂纹，在此环境下，S32168 钢应力腐蚀敏感性更高。

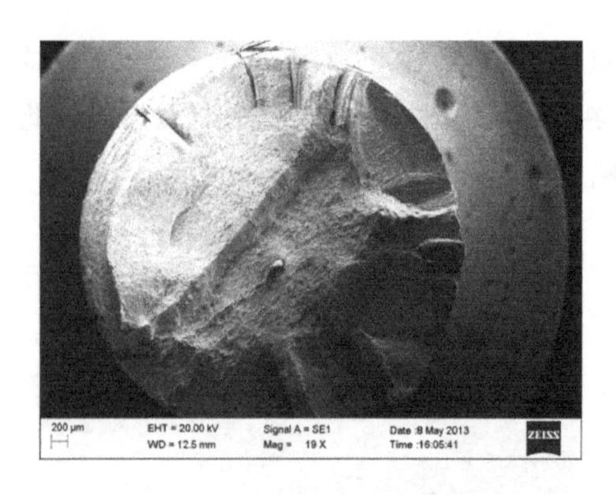

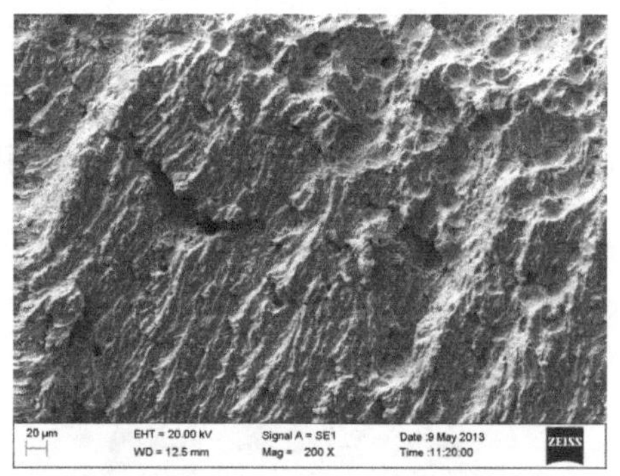

图 2-11　5 号试样断口形貌（260℃、 11MPa）

根据上述拉伸试验数据、断口和表面微观形貌分析，可以确定在 1～11MPa 压力范围和 25～150℃温度范围内，介质压力对应力腐蚀敏感性影响较小；在 260℃时，介质压力对应力腐蚀敏感性影响较大。当应力腐蚀敏感性增加时，试样表面的点蚀数量增多，裂纹萌生于点蚀坑的现象越来越明显。分析认为，在相同的应变速率下，当温度和压力升高时，金属溶解速率增加，促进了裂纹的萌生和扩展。

2.4 温度和工作压力对应力腐蚀开裂影响机理

通过上文对试样微观断口的分析得出，随温度的升高，S32168 不锈钢应力腐蚀敏感性增加。已有研究表明，S32168 不锈钢在酸性氯离子溶液中的应力腐蚀开裂也是由阳极溶解引起的，而且应力腐蚀裂纹往往起源于点蚀。不锈钢材料在室温下形成的氧化膜很薄且具有很强的保护性，但在温度升高时氧化膜保护性降低。

工作压力在试样表面产生的是压应力，垂直作用于拉伸方向。321 不锈钢在酸性氯离子溶液中的应力腐蚀开裂也是由电化学腐蚀引起的。由于应力状态对腐蚀电位的影响并不大，压应力作用下应力腐蚀的电化学条件仍然具备，则压应力同样能引起滑移。金属发生塑性变形时阳极电流的动力学方程如下：

$$I=i_{a}\exp\left(\frac{\Delta PV}{RT}+\frac{n\Delta\tau}{\bar{\alpha}R'T}\right)=i_{a}\left(\frac{\Delta\varepsilon}{\varepsilon_{0}}+1\right)\exp\frac{V\Delta P}{RT} \tag{2-6}$$

式中　i_a——无载荷时阳极电流密度；

R——气体常数；

T——腐蚀环境的热力学温度；

ΔP——金属中由位错引起的剩余压力的绝对值；

$\Delta\varepsilon$——工作压力和拉伸共同作用下的塑性变形量；$\varepsilon_0=\frac{N_0}{\bar{\alpha}}$，对应于变形强化的起始，$\bar{\alpha}$ 为位错密度常数，N_0 为无变形强化时的位错密度。

由于工作压力的存在，使试样表面位错增加，增大了表面局部塑性变形和金属中的剩余压力，进而引起局部阳极电流的增大。阳极电流的增大，加快了局部腐蚀速率，促进了点蚀坑的快速形成。同时，工作压力增大时，增加了点蚀坑处的应力集中，促使更多的点蚀坑向裂纹发展，并使裂纹扩展速率加快。根据裂纹扩展速率与温度的倒数的负数呈自然指数关系可知，裂纹扩展速率随着温度的升高而增加。

2.5 小结

本章通过慢应变速率试验方法研究了氯离子环境下温度和操作压力对应力腐蚀的影响。分别分析了不同试验参数下拉伸曲线的变化、腐蚀试样的宏观形貌和微观形貌，结果表明，随着操作压力和温度的升高，应力腐蚀敏感性增强；温度对应力腐蚀敏感性的影响更大。

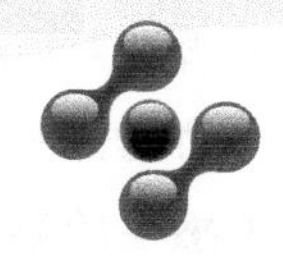

第3章

应力腐蚀影响因素关联性分析

应力腐蚀开裂是一种常见的且危害严重的失效模式，由于其影响因素众多，包括温度、离子浓度、pH 值、应力、流场、压力、机械结构等；这些因素中哪些是主要因素，哪些是次要因素，哪些影响大，哪些影响小，这些都是需要弄清楚的问题。因此，如何确定应力腐蚀的主要影响因素是研究应力腐蚀的关键问题之一，科学合理地分析各种因素的显著性对应力腐蚀的研究具有重要意义。本章选用灰色关联分析理论，对不锈钢应力腐蚀的各环境因素进行关联度计算。根据计算结果，分析各因素对应力腐蚀敏感性的影响，为掌握不锈钢应力腐蚀发生规律及进行预防等提供依据。

3.1 灰色关联分析

灰色系统理论（grey theory）是由我国著名学者邓聚龙教授创造的一种系统科学理论，其中的灰色关联分析是根据各因素变化曲线几何形状的相似程度，来判断因素之间关联程度的方法。此方法通过对动态过程发展态势的量化分析，完成对系统内时间序列有关统计数据几何关系的比较，求出参考数列与各比较数列之间的灰色关联度。与参考数列关联度越大的比较数列，其发展方向和速率与参考数列越接近，与参考数列的关系越紧密。

灰色关联分析的具体计算步骤如下。

(1) 确定参考数据序列与比较数据序列

反映系统行为特征的数据序列，称为参考数列。

$$X_0=[x_0(1),x_0(2),x_0(3)\cdots x_0(n)] \tag{3-1}$$

以影响系统行为的因素组成的数据序列为比较序列。

$$X_i=[x_i(1),x_i(2),x_i(3)\cdots x_i(n)] \tag{3-2}$$

(2) 参考数列和比较数列进行无量纲化处理

由于各个评价指标的单位、量纲不同，为消除它们对决策结果的影响，必须对数据进行无量纲化转化。无量纲化转化的方法主要有：求初值像、求均值像和求区间值像，进行灰色关联分析时选用一种方法进行计算。初值像是各数据序列中的每一个数据与该数据序列第一个数据的比值：

$$X_i'=\frac{X_i}{x_i(1)}=[x_i'(1),x_i'(2),x_i'(3)\cdots x_i'(n)] \tag{3-3}$$

(3) 计算参考序列和比较序列的绝对差

$$\Delta_i(k)=|x'_0(k)-x'_i(k)| \tag{3-4}$$

(4) 求两极差

$$M=\max_i \max_k \Delta_i(k) \quad (\text{最大值}) \tag{3-5}$$

$$m=\min_i \min_k \Delta_i(k) \quad (\text{最小值}) \tag{3-6}$$

(5) 计算关联系数

$$\gamma_i(k)=\frac{m+\xi M}{\Delta_i(k)+\xi M} \tag{3-7}$$

式中，ξ 为分辨系数，一般取 $\xi=0.5$。

(6) 求灰色关联度

关联度代表了系统特征与各因素之间的关联程度，其数值越大，说明两者的密切程度越高。关联度可根据各关联系数获得，计算公式为：

$$\bar{\gamma}_i=\frac{1}{n}\sum_{k=1}^{n}\gamma_i(k) \tag{3-8}$$

3.2 应力腐蚀影响因素显著性分析

3.2.1 分析案例 1

本案例分析是根据文献［86］的试验数据进行应力腐蚀影响因素显著性分析。试验选用压力容器常用材料 316 不锈钢，采用慢应变速率拉伸试验方法。试验考虑湿硫化氢环境中硫化氢和氯离子浓度、温度、pH 值对应力腐蚀敏感性的影响，试验介质中各因素的参数值如表 3-1 所示。

表 3-1　试验介质参数值

序号	H_2S 浓度/(mg/kg)	Cl^- 浓度/(mg/kg)	温度/℃	pH 值
1	10	70	55	9.5
2	210	190	100	8.5
3	410	310	40	7.5
4	610	10	85	6.5
5	810	130	25	5.5
6	1010	250	70	4.5

试验以应力腐蚀敏感性指数 $F(A)$、$F(\delta)$、$F(t)$ 作为评价指标，不同介

质参数下应力腐蚀试验数据如表 3-2 所示。

表 3-2　试验数据

序号	$F(A)/\%$	$F(\delta)/\%$	$F(t)/\%$	H_2S浓度/(mg/L)	Cl^-浓度/(mg/kg)	pH 值	温度/℃
1	21.355	11.78	11.72	10	70	9.5	55
2	50.55	32.925	33.04	210	190	8.5	100
3	17.54	7.00	7.09	410	310	7.5	40
4	38.865	27.325	27.38	610	10	6.5	85
5	5.725	4.20	4.29	810	130	5.5	25
6	37.37	27.465	27.39	1010	250	4.5	70

以反映应力腐蚀特征的数据序列为参考序列。

$$X_0=[x_0(1),x_0(2),x_0(3),x_0(4),x_0(5),x_0(6)] \tag{3-9}$$

式中，X_0 表示应力腐蚀敏感性指数，分别为 $F(A)$、$F(\delta)$、$F(t)$。

以影响系统行为的因素组成的数据序列为比较序列，见表 3-3。

$$X_i=[x_i(1),x_i(2),x_i(3)\cdots x_i(n)],i=1\sim4,n=1\sim6 \tag{3-10}$$

式中，X_1 表示 H_2S 浓度、X_2 表示 Cl^- 浓度、X_3 表示 pH 值、X_4 表示温度。

表 3-3　数据序列

序号	$X_{01}/\%$	$X_{02}/\%$	$X_{03}/\%$	X_1/(mg/L)	X_2/(mg/kg)	X_3	X_4/℃
1	21.355	11.78	11.72	10	70	9.5	55
2	50.55	32.925	33.04	210	190	8.5	100
3	17.54	7.00	7.09	410	310	7.5	40
4	38.865	27.325	27.38	610	10	6.5	85
5	5.725	4.20	4.29	810	130	5.5	25
6	37.37	27.465	27.39	1010	250	4.5	70

注：X_{01} 是以断裂前吸收的能量表示的应力腐蚀敏感性指数；X_{02} 是以伸长率表示的应力腐蚀敏感性指数；X_{03} 是以断裂时间表示的应力腐蚀敏感性指数。

3.2.1.1　以 F(A) 作为参考序列

首先以应力腐蚀敏感性指数 $F(A)$ 作为参考序列，即表 3-3 中的 X_{01} 数列，和应力腐蚀影响因素进行关联度分析。分析过程如下：

(1) 确定参考数据序列与比较数据序列

以应力腐蚀敏感性指数 $F(A)$ 数据序列为参考序列，4 个影响因素参数序列为比较序列。

$$X_0=(21.355,50.55,17.54,38.865,5.725,37.37) \tag{3-11}$$

(2) 求各序列数据的初值像

应力腐蚀敏感性是奥氏体不锈钢 316 的灰色系统特征，也是我们关心的首要问题，其他数据序列是与敏感性指数相关的，需要找出主序列与辅序列数据之间的关联程度。由于各组数据之间单位不同，为了表示在一个图上，需要进行无量纲化处理，可以求初值像、均值像和区间值像，进行灰色关联分析时选用一种进行计算，本章分析案例中选用了初值像。初值像 X_i' 是各数据序列中的每一个数据与该数据序列第一个数据的比值，用初值化法对原始数据进行无量纲化处理得表 3-4。

表 3-4　各序列数据无量纲化处理

序号	X_0	X_1	X_2	X_3	X_4
1	1	1	1	1	1
2	2.3671	21	2.7143	0.8947	1.8182
3	0.8214	41	4.4286	0.7895	0.7273
4	1.8199	61	0.1429	0.6842	1.5455
5	0.2681	81	1.8571	0.5789	0.4545
6	1.7499	101	3.5714	0.4737	1.2727

(3) 求差序列

根据式(3-4)，计算参考序列和比较序列的绝对差 $\Delta_i(k)$，计算结果见表 3-5。

表 3-5　绝对差计算结果

序号	X_1	X_2	X_3	X_4
$\Delta_i(1)$	0	0	0	0
$\Delta_i(2)$	18.6329	0.3472	1.4724	0.5489
$\Delta_i(3)$	40.1786	3.6072	0.0319	0.0941
$\Delta_i(4)$	59.1801	1.677	1.1357	0.2744
$\Delta_i(5)$	80.7319	1.589	0.3108	0.1864
$\Delta_i(6)$	99.2501	1.8215	1.2762	0.4772

(4) 求两极差

根据式(3-5)、式(3-6) 求得两极差分别为 99.2501 和 0。

(5) 计算关联系数

取分辨系数 ξ 为 0.5，将两极差数值代入式(3-7)，计算关联系数如下：

$$\gamma_i(k)=\frac{0+0.5\times 99.2501}{\Delta_i(k)+0.5\times 99.2501}$$

$$\gamma_i(k)=\frac{49.625}{\Delta_i(k)+49.625} \tag{3-12}$$

将表 3-5 中的数据代入式(3-12)，分别求出关联系数，计算结果见表 3-6。

表 3-6　关联系数值

序号	X_1	X_2	X_3	X_4
$\gamma_i(1)$	1	1	1	1
$\gamma_i(2)$	0.7270	0.9930	0.9712	0.9891
$\gamma_i(3)$	0.5526	0.9322	0.9993	0.9981
$\gamma_i(4)$	0.4561	0.9673	0.9776	0.9945
$\gamma_i(5)$	0.3807	0.9689	0.9938	0.9962
$\gamma_i(6)$	0.3333	0.9646	0.9933	0.9905

(6) 求灰色关联度

根据式(3-8)，计算灰色关联度，计算结果为：

$\bar{\gamma}_1=0.5749$；$\bar{\gamma}_2=0.971$；$\bar{\gamma}_3=0.9892$；$\bar{\gamma}_4=0.9947$

$\bar{\gamma}_4>\bar{\gamma}_3>\bar{\gamma}_2>\bar{\gamma}_1$，说明 X_4 与 X_0 的关联度最大，也就是说温度与应力腐蚀敏感性的关系最为密切。

3.2.1.2 以 F(δ)作为参考序列

以应力腐蚀敏感性指数 $F(\delta)$ 作为参考序列，即表 3-3 中的 X_{02} 数列，和应力腐蚀影响因素进行关联度分析。分析过程如下：

(1) 求各序列数据的初值像

根据式(3-3)，可得各序列数据的初值像，结果如表 3-7 所示。

表 3-7　各序列数据无量纲化处理

序号	X_0	X_1	X_2	X_3	X_4
1	1	1	1	1	1
2	2.7950	21	2.7143	0.8947	1.8182
3	0.5942	41	4.4286	0.7895	0.7273
4	2.3196	61	0.1429	0.6842	1.5455
5	0.3565	81	1.8571	0.5789	0.4545
6	2.3315	101	3.5714	0.4737	1.2727

(2) 求差序列

根据式(3-4)，计算参考序列和比较序列的绝对差 $\Delta_i(k)$，计算结果见表 3-8。

表 3-8　绝对差计算结果

序号	X_1	X_2	X_3	X_4
$\Delta_i(1)$	0	0	0	0
$\Delta_i(2)$	18.205	0.0807	1.9003	0.9768
$\Delta_i(3)$	40.4058	3.8344	0.1953	0.1331
$\Delta_i(4)$	58.6804	2.1767	1.6354	0.7741
$\Delta_i(5)$	80.6435	1.5006	0.2224	0.098
$\Delta_i(6)$	98.6685	1.2399	1.8578	1.0588

(3) 求两极差

根据式(3-5)、式(3-6) 求得两极差分别为 98.6685 和 0。

(4) 计算关联系数

取分辨系数 ξ 为 0.5，将两极差数值代入式(3-7)，计算关联系数如下：

$$\gamma_i(k)=\frac{0+0.5\times 98.6685}{\Delta_i(k)+0.5\times 98.6685}$$

$$\gamma_i(k)=\frac{49.3342}{\Delta_i(k)+49.3342} \tag{3-13}$$

将表 3-8 中的数据代入式(3-13)，分别求出关联系数，计算结果见表 3-9。

表 3-9　关联系数值

序号	X_1	X_2	X_3	X_4
$\gamma_i(1)$	1	1	1	1
$\gamma_i(2)$	0.7304	0.9984	0.96290	0.9806
$\gamma_i(3)$	0.5497	0.9279	0.9961	0.9973
$\gamma_i(4)$	0.4567	0.9577	0.9679	0.9845
$\gamma_i(5)$	0.3795	0.9705	0.9955	0.9980
$\gamma_i(6)$	0.3333	0.9755	0.9637	0.9790

(5) 求灰色关联度

根据式(3-8)，计算灰色关联度，计算结果为：

$\bar{\gamma}_1=0.5749$；$\bar{\gamma}_2=0.9717$；$\bar{\gamma}_3=0.9810$；$\bar{\gamma}_4=0.9899$

$\bar{\gamma}_4 > \bar{\gamma}_3 > \bar{\gamma}_2 > \bar{\gamma}_1$，说明 X_4 与 X_0 的关联度最大，也就是说温度与应力腐蚀敏感性的关系最为密切，该结果与上节分析结果相同。

3.2.1.3 以 F(t) 作为参考序列

以应力腐蚀敏感性指数 $F(t)$ 作为参考序列，即表 3-3 中的 X_{03} 数列，和应力腐蚀影响因素进行关联度分析。分析过程如下。

(1) 求各序列数据的初值像

根据式(3-3)，可得各序列数据的初值像，结果如表 3-10 所示。

表 3-10 各序列数据无量纲化处理

序号	X_0	X_1	X_2	X_3	X_4
1	1	1	1	1	1
2	2.8191	21	2.7143	0.8947	1.8182
3	0.6049	41	4.4286	0.7895	0.7273
4	2.3362	61	0.1429	0.6842	1.5455
5	0.3660	81	1.8571	0.5789	0.4545
6	2.3370	101	3.5714	0.4737	1.2727

(2) 求差序列

根据式(3-4)，计算参考序列和比较序列的绝对差 $\Delta_i(k)$，计算结果见表 3-11。

表 3-11 绝对差计算结果

序号	X_1	X_2	X_3	X_4
$\Delta_i(1)$	0	0	0	0
$\Delta_i(2)$	18.1809	0.1048	1.9244	1.0009
$\Delta_i(3)$	40.3951	3.8237	0.1846	0.1224
$\Delta_i(4)$	58.6638	2.1933	1.652	0.7907
$\Delta_i(5)$	80.634	1.4911	0.2129	0.0885
$\Delta_i(6)$	98.663	1.2344	1.8633	1.0643

(3) 求两极差

根据式(3-5)、式(3-6) 求得两极差分别为 98.663 和 0。

(4) 计算关联系数

取分辨系数 ξ 为 0.5，将两极差数值代入式(3-7)，计算关联系数如下：

$$\gamma_i(k)=\frac{0+0.5\times98.663}{\Delta_i(k)+0.5\times98.663}$$

$$\gamma_i(k)=\frac{49.3315}{\Delta_i(k)+49.3315} \tag{3-14}$$

将表 3-8 中的数据代入式(3-14)，分别求出关联系数，计算结果见表 3-12。

表 3-12　关联系数值

序号	X_1	X_2	X_3	X_4
$\gamma_i(1)$	1	1	1	1
$\gamma_i(2)$	0.7307	0.9979	0.9624	0.9801
$\gamma_i(3)$	0.5498	0.9281	0.9963	0.9975
$\gamma_i(4)$	0.4568	0.9574	0.9676	0.9842
$\gamma_i(5)$	0.3796	0.9707	0.9957	0.9982
$\gamma_i(6)$	0.3333	0.9756	0.9636	0.9789

(5) 求灰色关联度

根据式(3-8)，计算灰色关联度，计算结果为：

$\bar{\gamma}_1=0.5750$；$\bar{\gamma}_2=0.9716$；$\bar{\gamma}_3=0.9809$；$\bar{\gamma}_4=0.9898$

$\bar{\gamma}_4>\bar{\gamma}_3>\bar{\gamma}_2>\bar{\gamma}_1$，说明 X_4 与 X_0 的关联度最大，也就是说温度与应力腐蚀敏感性的关系最为密切，该结果与上节分析结果相同。

以上分析表明：奥氏体不锈钢 316L 的应力腐蚀中，pH 值和温度为主要影响因素，Cl^-浓度次之，最后是 H_2S 浓度。金属与介质的化学反应速度、物质的输送过程等均受温度影响极大，因此温度对应力腐蚀影响较大。影响因素中 pH 值影响比较大，是因为 pH 值的变化使应力腐蚀敏感性波动较大：弱酸弱碱性时，材料塑性损失较大，敏感性大；中性时，敏感性小；强酸性时，应力腐蚀被全面腐蚀代替。氯离子是奥氏体不锈钢发生应力腐蚀的决定性要素，但是其浓度的影响并不占主导地位。在氯离子和 H_2S 共存的环境中，H_2S 与材料金属反应生成的氢原子导致材料脆化，对应力腐蚀起到了加速作用。

3.2.2　分析案例 2

温度对奥氏体不锈钢应力腐蚀有重要的影响，应力腐蚀的敏感性随温度升高而升高。近几年的研究表明，不锈钢应力腐蚀存在一个敏感温度。Y. Y. Chen 等采用耶茨算法研究了含氯和硫化氢环境中，温度、氯离子浓度和 pH 值对 321 不锈钢应力腐蚀敏感性的影响，结果表明，温度的影响最重要。案例 1 的分析结果表明：温度与应力腐蚀的敏感性，这与前人的研究结论是一致的。本节在第 2 章试验研究的基础上，研究温度和操作压力对 S32168 不锈钢应力腐蚀影响的显著性。由于本次试验获得的数据较少，选择合适的数据分析方法至关重要。样本的大小不影响灰色关联理论的使用，因此，作者采用灰色关联理论来分析影响因素与应力腐蚀敏感性之间的关系。

（1）确定参考数据序列与比较数据序列

根据第 2 章的试验结果，采用断面收缩率来评价应力腐蚀敏感性，不同温度和介质压力下得到的应力腐蚀敏感性指数 $F(Z)$ 见表 2-3。首先，确定反映系统行为特征的参考数列和影响系统行为的比较数列。把 $F(Z)$ 的数据作为参考序列 X_0。

$$X_0=[x_0(1),x_0(2),x_0(3),x_0(4),x_0(5)]$$

把温度数据和介质压力数据作为比较数列 X_1、X_2，数据如表 3-13 所示。

$$X_1=[x_1(1),x_1(2),x_1(3),x_1(4),x_1(5)]$$

$$X_2=[x_2(1),x_2(2),x_2(3),x_2(4),x_2(5)]$$

表 3-13 各数据序列

序号	X_0	X_1	X_2
1	2.4	25	1
2	21.8	150	1.6
3	23.3	150	11
4	48.8	260	4.6
5	71.4	260	11

（2）参考数列和比较数列进行无量纲化处理

由于各个评价指标的单位不同，为消除它们对决策结果的影响，本案例采用求均值像的方法对数据进行无量纲化处理，即求各数据序列中的每一个数据与该数据序列平均数的比值：

$$X'_0=\frac{X_0}{\frac{1}{5}\sum_{k=1}^{5}x_0(k)} \tag{3-15}$$

$$X'_i=\frac{X_i}{\frac{1}{5}\sum_{k=1}^{5}x_i(k)},i=1,2 \tag{3-16}$$

计算结果见表 3-14。

表 3-14　均值像

序号	X_0	X_1	X_2
1	0.0716	0.1479	0.1712
2	0.6500	0.8876	0.2740
3	0.6947	0.8876	1.8836
4	1.4550	1.5385	0.7877
5	2.1288	1.5385	1.8836

图 3-1 为各数列均值像的柱状图，可以看出温度与应力腐蚀敏感性的变化趋势相似度较高。

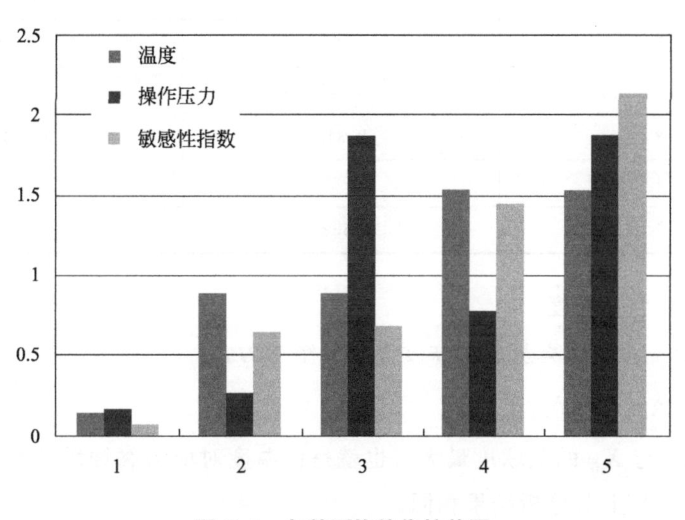

图 3-1　各数列均值像柱状图

(3) 求差序列

根据式(3-4)，计算参考序列和比较序列的绝对差 $\Delta_i(k)$，计算结果见表 3-15。

表 3-15　绝对差计算结果

序号	X_1	X_2
$\Delta_i(1)$	0.0763	0.0996
$\Delta_i(2)$	0.2376	0.376
$\Delta_i(3)$	0.1929	1.1889
$\Delta_i(4)$	0.0835	0.6673
$\Delta_i(5)$	0.5903	0.2452

(4) 求两极差

根据式(3-5)、式(3-6) 求得两极差分别为 1.1889 和 0.0763。

(5) 计算关联系数

取分辨系数 ξ 为 0.5，将两极差数值代入式(3-7)，计算关联系数如下：

$$\gamma_i(k)=\frac{0.0763+0.5\times1.1889}{\Delta_i(k)+0.5\times1.1889}$$

$$\gamma_i(k)=\frac{0.67075}{\Delta_i(k)+0.59445} \tag{3-17}$$

将表 3-15 中的数据代入式(3-17)，分别求出关联系数，计算结果见表 3-16。

表 3-16 关联系数值

k	$\gamma_1(k)$	$\gamma_2(k)$
1	1.0000	0.9646
2	0.7976	0.6796
3	0.845	0.3636
4	0.9888	0.5182
5	0.5529	0.7901

(6) 求灰色关联度

根据式(3-8)，计算灰色关联度，计算结果为：

$\bar{\gamma}_1=0.833$；$\bar{\gamma}_2=0.663$

说明 X_1 与 X_0 的关联度最大，也就是说温度对应力腐蚀敏感性的影响更加显著，该结果与上节分析结果相同。

3.3 小结

① 采用灰色关联理论时，因为评价数据序列都是和参考数据序列比较，所以，评价数据序列数量不影响评价结论，因此，关联度可作为分析应力腐蚀影响因素的一个重要理论依据。

② 案例 1 中：在对各影响因素与应力腐蚀敏感性的关联分析中，温度关联度接近 1，说明应力腐蚀敏感性与温度密切相关，其次是 pH 值和氯离子浓度的

影响。H_2S 浓度对应力腐蚀的贡献位于各因素之末。

③ 案例 2 中：从分析结果来看，介质压力和温度与应力腐蚀敏感性的关联程度都较高，但温度对应力腐蚀敏感性的影响比介质压力的影响更加显著。

④ 由于应力腐蚀的机理复杂、影响因素众多，相同的因素在不同环境下所占据的主次位置是不同的，所以本书的分析结果并不代表所有应力腐蚀介质环境情况。但是，可为应力腐蚀断裂预防和应力腐蚀机理的研究提供科学的参考依据。

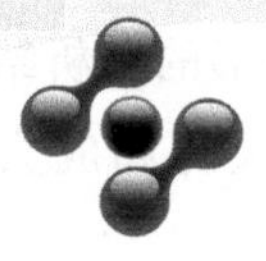

第4章

点蚀产生和生长概率分析

作为应力腐蚀裂纹的萌生源，点蚀的产生以及生长过程相当于裂纹的孕育期。目前，对于点蚀的萌生机理有很多说法，每一种机理都得到了相当多的实验支持。点蚀萌生机理虽多，但是建立的相应判据却很少。点蚀的萌生和生长受很多因素的影响，如腐蚀介质的成分、温度和流动状态，材料的力学性能、表面硬质夹杂和粗糙度，这些物理量的不确定性使得点蚀在整个生命周期内的发展具有很大的随机性。本章中，在点蚀机理的研究基础上，建立点蚀萌生判据，并把点蚀分为两个不同的阶段，即点蚀的萌生和生长，分别研究这两个阶段的随机性。

4.1 点蚀的产生

奥氏体不锈钢表面点蚀的产生是由于钝化膜受到局部破坏，使其下的基体不断溶解造成的。在相同外部条件下，钢表面存在缺陷的钝化膜会优先破坏，钝化膜的划伤或应力集中、晶格缺陷、表面夹杂都可能是产生点蚀的起因。对于不锈钢，点蚀几乎无一例外地从硫化物夹杂部位萌生。在外加拉应力的作用下，由于夹杂物与基体材料边界处存在一定的应力集中，钝化膜会优先在应力集中程度大的地方破裂，使得硫化物与周围的基体材料之间形成缝隙，造成硫化物周围环境的改变。在局部环境的影响下，硫化物容易溶解，溶解的硫化物再附着在该位置，形成封闭的区间，封闭区内溶液成分发生变化，易于溶解基体材料，最终使点蚀形核[27]。

在拉应力的作用下，钝化膜不易修复，产生点蚀所需时间缩短，产生点蚀的概率也会增大。但是，点蚀的产生主要还是受电化学过程控制。因此，从电化学角度建立点蚀的萌生判据更加合理。

4.1.1 点蚀产生的电化学判据

点蚀的产生与点蚀电位 φ_p 有密切关系。在实际情况中，点蚀电位是用来确定钝态金属耐点蚀能力的重要参数。由于不锈钢的点蚀优先在一些夹杂物部位形核，因此对于每个钝态金属腐蚀体系，总会存在一个临界点蚀电位 φ_{cp}，即钝态金属表面上具有临界尺寸和最大活性点的平衡电位[124]。在自腐蚀状态下，如果把临界点蚀电位作为点蚀发生的阻力，那么钝态体系的腐蚀电位 φ_{corr} 则成为推动点蚀萌生的动力。当体系的腐蚀电位超过临界点蚀电位时，点蚀就可能萌生。

(1) 动力

在中性、碱性及弱酸性介质中，奥氏体不锈钢点蚀与其他大多数金属的腐蚀一样，都属于氧去极化腐蚀。假设不锈钢在弱酸性 NaCl 溶液中阴极反应仅为氧的还原反应：

$$O_2+4H^++4e^-\longrightarrow 2H_2O \tag{4-1}$$

根据 Nernst 公式，可以得到任一温度下该反应的平衡电极电位：

$$\varphi_{e,o}=\varphi^{\ominus}+\frac{RT}{zF}\ln\frac{a_{H^+}^4 P_{O_2}}{a_{H_2O}^2} \tag{4-2}$$

式中 $\varphi^{\ominus}$——标准电极电位，1.23V (SHE)；

R——气体常数，8.314J/(mol·K)；

T——热力学温度，K；

z——得失电子数，该反应中 $z=4$；

F——法拉第常数，96485C/mol；

a_{H_2O}——溶液中 H_2O 的浓度；

a_{H^+}——溶液中 H^+ 的浓度；

P_{O_2}——氧的分压。

在稀溶液中，a_{H_2O} 近似为 1，a_{H^+} 用 pH 值表示，则式(4-2) 可以表示为：

$$\varphi_{e,o}=1.23+4.9547\times10^{-5}T(\lg P_{O_2}-4\text{pH}) \tag{4-3}$$

根据混合电位理论，在自腐蚀状态下，金属的阳极溶解电流密度 i_a 与去极化剂阴极反应电流密度的绝对值 i_c 相等，电化学反应步骤控制时，氧还原反应的超电位 η_o 可由以下公式[125]计算：

$$\eta_o=-\frac{2.3RT}{\alpha z'F}\lg\frac{i_p}{i_0} \tag{4-4}$$

式中 α——传递系数，数值上等于单位电流密度时的超电位，对铁等金属，$\alpha\approx0.5$；

i_p——维钝电流密度，A/cm^2；

i_0——交换电流密度，A/cm^2；

z'——氧还原过程控制步骤的反应电子数。

在酸性环境中，氧还原反应的基本步骤可分为[126]：

① 形成半价氧离子：$O_2 + e^- \longrightarrow O_2^-$。

② 形成二氧化一氢：$O_2^- + H^+ \longrightarrow HO_2$。

③ 形成二氧化一氢离子：$HO_2 + e^- \longrightarrow HO_2^-$。

④ 形成过氧化氢：$HO_2^- + H^+ \longrightarrow H_2O_2$。

⑤ 形成水：$H_2O_2 + 2H^+ + 2e^- \longrightarrow 2H_2O$ 或 $H_2O_2 \longrightarrow \frac{1}{2}O_2 + H_2O$。

一般认为在酸性溶液中第一个步骤是控制步骤，反应电子数 $z'=1$。因此，式(4-4) 可表示为：

$$\eta_o = -3.96\times10^{-4}T\lg\frac{i_p}{i_0} \tag{4-5}$$

自腐蚀条件下，阴、阳极反应电位相等，且等于腐蚀电位。因此，腐蚀电位可表示为：

$$\begin{aligned}\varphi_{corr} &= \varphi_{e,o} + \eta_o \\ &= 1.23 + 4.9547\times10^{-5}T(\lg P_{O_2} - 4pH) - 3.96\times10^{-4}T\lg\frac{i_p}{i_0}\end{aligned} \tag{4-6}$$

(2) 阻力

不锈钢表面的钝化膜对基体的保护程度与钝化膜的稳定性、致密性等有关。夹杂物的存在使钝化膜产生缺陷，Cl^- 等侵蚀性离子很容易沉积在钝化膜缺陷处，使钝态体系的临界点蚀电位 φ_{cp} 降低。

目前，没有通用的理论公式来计算临界点蚀电位 φ_{cp} 和点蚀电位 φ_p 数值。点蚀电位可以通过测极化曲线得到，一般把扫描速度接近于 0 时的测量值作为真正的点蚀电位，此时，临界点蚀电位和测量点蚀电位相差很小。因此，扫描速度为 0 时的点蚀电位可作为临界点蚀电位的近似值。但在实际情况中，把扫描速度设为 0 是不现实的。为求得真实的点蚀电位，可以对不同扫描速度下测得的 φ_p 进行线性拟合，并采用外推法，外推至扫描速度为 0 时的数值即为真实的点蚀电位。通过试验发现，Cl^- 浓度越低，扫描速度对点蚀电位的影响越小。当 Cl^- 浓度较小时，扫描速度为 10mV/min 时测得的点蚀电位与扫描速度为 0 时的点蚀电位相近[127]。为了减少试验数量，可以把扫描速度为 10mV/min 时测得的点蚀电位近似作为临界点蚀电位。

受试验条件的限制，一般测得的临界点蚀电位没考虑应力的影响，但是应力可以提高金属基体和表面氧化膜层的化学位，还会使金属表面的缺陷位置发生应力集中，从而使临界点蚀电位降低。在弹性变形范围内，因应力而引起的临界点蚀电位变化可以用下式计算[128]：

$$\Delta\varphi = -K_t \frac{V\sigma}{zF} \tag{4-7}$$

式中 V——金属摩尔体积；

K_t——应力集中系数；

σ——应力；

z——金属离子化合价；

F——法拉第常数。

对于奥氏体不锈钢，$z=2$，$V \approx 7.2\text{cm}^3/\text{mol}$。因此，临界点蚀电位的电位降为：

$$\Delta\varphi_{cp} = -3.73\times10^{-5}K_t\sigma \tag{4-8}$$

不考虑应力集中时，由式(4-8) 计算出的电位降与文献［48］、［100］的实测值处于同一数量级。然而，MnS夹杂与基体材料相交部位会存在一定的应力集中。根据文献［129］取应力集中系数为2，当施加240MPa（小于屈服强度）的应力时，由式(4-8) 计算得到临界点蚀电位变化量 $\Delta\varphi_{cp}=-18\text{mV}$。受MnS形状的影响，有些部位的应力集中系数可能远大于2，临界点蚀电位的降低量会更大。

基于以上分析，点蚀产生的准则为：

$$\varphi_{corr} > \varphi_{cp} \tag{4-9}$$

4.1.2 点蚀产生的概率分析

从以上分析可以看出，点蚀的产生受很多变量的影响，变量的不确定性给点蚀产生带来很大的随机性，主要的随机变量为 T、pH、i_p、i_0 以及 φ_{cp}。对某炼油厂提供的监测数据进行统计分析，经过 χ^2 检验发现，在显著性水平0.05下，温度 T 和溶液的pH值都满足正态分布，如图4-1所示。变量 φ_{cp}、i_p、i_0 的随机性需要通过试验数据统计获得。根据文献［127］的试验结果，当 Cl^- 浓度较小（约60mg/kg以下）时，维钝电流密度和交换电流密度变化很小，可作为确定性变量；当 Cl^- 浓度大于60mg/kg时，分析发现，维钝电流密度和交换电流密度满足正态分布。

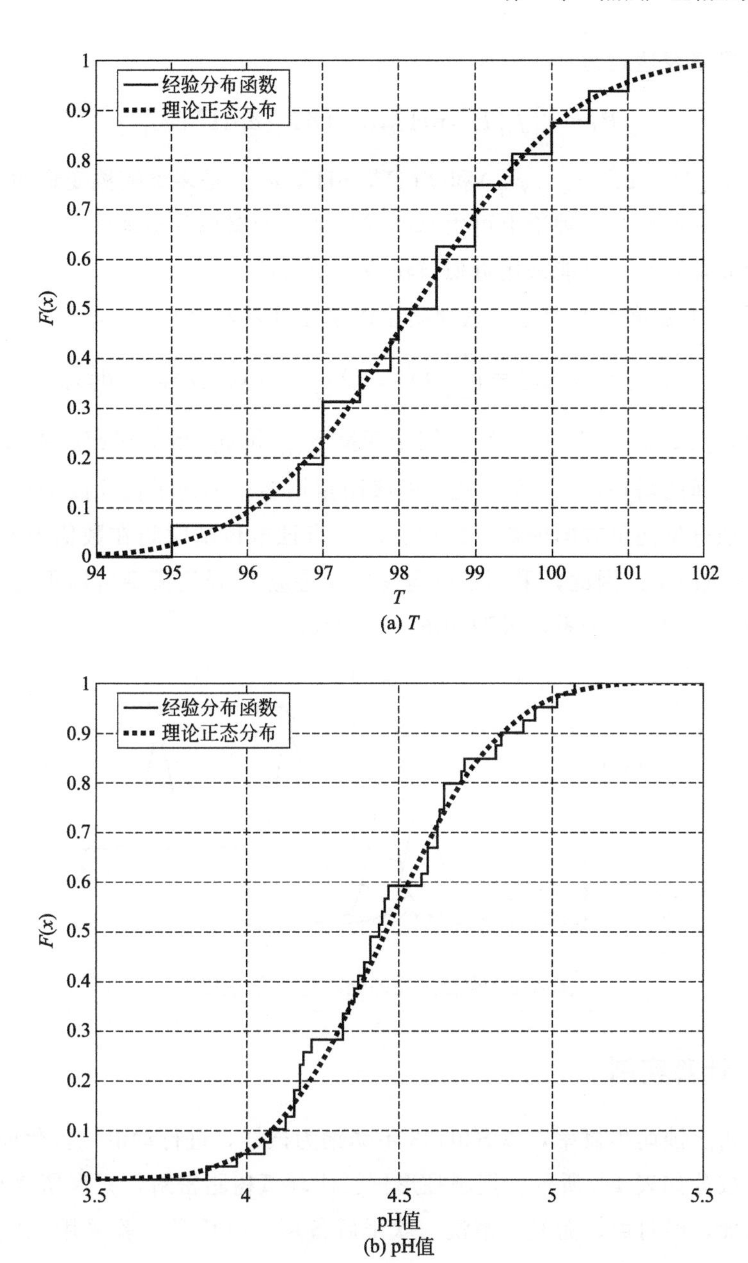

图 4-1　某炼油厂介质 T 和 pH 值的经验和理论正态分布函数图

当考虑以上变量的随机性时，点蚀萌生概率可表示为：

$$P_{\mathrm{f}}=\iint\cdots\int f\left(T^{*}, \mathrm{pH}^{*}, i_{\mathrm{p}}^{*}, i_{0}^{*}, \varphi_{\mathrm{cp}}^{*}\right) \mathrm{d} T^{*} \mathrm{~dpH}^{*} \mathrm{~d} i_{\mathrm{p}}^{*} \mathrm{~d} i_{0}^{*} \mathrm{~d} \varphi_{\mathrm{cp}}^{*} \tag{4-10a}$$

Cl^{-} 浓度较低的情况下（小于 60mg/L），变量 i_0 和 i_{p} 的随机性可忽略，点

蚀萌生的概率表达式为：

$$P_f=\iiint f(T^*,pH^*,\varphi_{cp}^*)dT^*dpH^*d\varphi_{cp}^* \tag{4-10b}$$

$f(T^*, pH^*, i_p^*, i_0^*, \varphi_{cp}^*)$和$f(T^*, pH^*, \varphi_{cp}^*)$是多维随机变量的联合概率密度函数，其概率分布理论上可由基本随机变量的概率分布来确定，但通过直接积分求解非常困难，只能采用近似解法或数值解法。

根据应力-强度干涉理论，点蚀萌生概率还可以表示为：

$$P_f[\varphi_{cp}<\varphi_{corr}]=\int_{-\infty}^{+\infty}f(\varphi_{corr}^*)\left[\int_{-\infty}^{\varphi_{corr}^*}f(\varphi_{cp}^*)d\varphi_{cp}^*\right]d\varphi_{corr}^* \tag{4-11}$$

式中，$f(\varphi_{corr}^*)$ 和 $f(\varphi_{cp}^*)$ 分别是变量 φ_{corr} 和 φ_{cp} 的概率密度函数。

随着时间的增加，Cl^- 在活性点的吸附量增多，加速了钝化膜的溶解，从而使临界点蚀电位向负方向偏移。因此，临界点蚀电位随时间在数值上是减小的，即 $t\uparrow\rightarrow\varphi_{cb}(t)\downarrow$。因此，采用强度退化的动态应力-强度模型可以很好地描述点蚀产生随时间的变化关系，模型如图 4-2 所示。

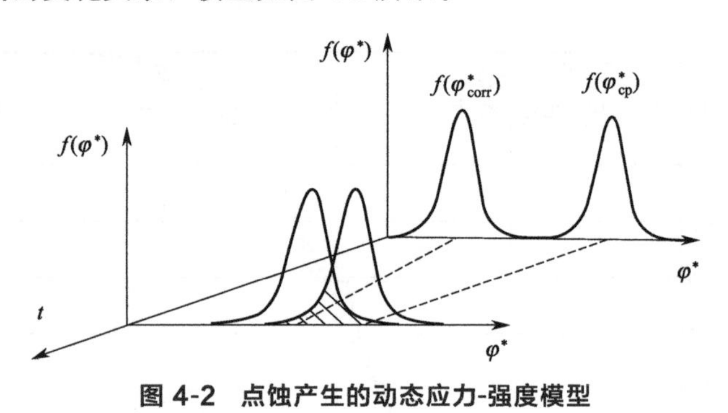

图 4-2 点蚀产生的动态应力-强度模型

4.1.3 计算实例

为分析点蚀萌生概率，以 S30403 不锈钢为试样，进行动电位极化曲线测试，材料化学成分如表 4-1 所示。把圆柱形试样用环氧树脂密封，只保留直径为 1cm 的圆形表面，经打磨、抛光、清洗、吹干后备用。电化学实验采用三电极体系，工作电极的封装过程如下：

① 准备环氧树脂。通常是按照特定比例，混合 A、B 两胶。混合后的环氧树脂很黏稠。

表 4-1 S30403 化学成分（质量分数） %

元素	C	Si	Mn	P	S	Cr	Ni	Cu
含量	0.037	0.724	1.230	0.0292	0.0085	19.925	9.001	0.039

② 抽滤环氧树脂。用真空泵将环氧树脂中的气泡抽出。

③ 准备模具和样品。将一个 PVC 环平放在桌面/垫布上，将和铜导柱焊接在一起的样品倒立放置在 PVC 环的中央。

④ 往圆环中倒入环氧树脂，在室温下风干至少 24h。

⑤ 在打磨机上对电极进行打磨抛光直至形成镜面。如样品和铜导柱之间焊接的不好，打磨的外力可能会导致接触不良，以致测试时导通不良好。

试验溶液为 0.1%$NaCl$+CH_3COOH，溶液的 pH 值为 5 左右。把试样分批次浸泡在试验溶液中，浸泡时间分别为 0d、5d、25d、45d、60d、65d。把浸泡后的试样作为工作电极进行极化曲线测试，试验后部分试样表面点蚀情况如图 4-3 所示。室温下，由于温度波动很小，把温度作为确定性变量；介质为空气所

(a) 0d

(b) 5d

图 4-3

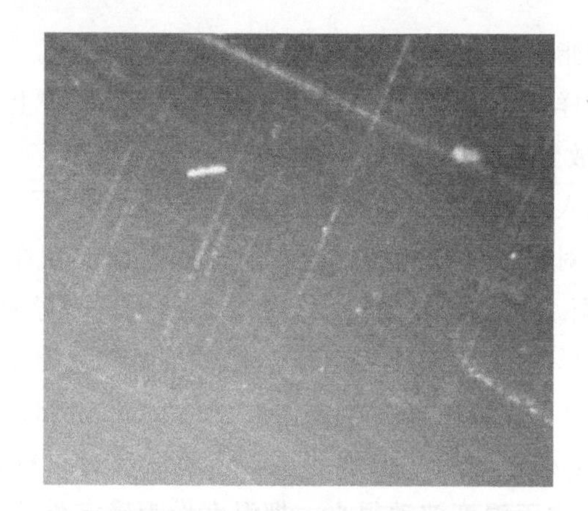

(c) 25d

(d) 45d

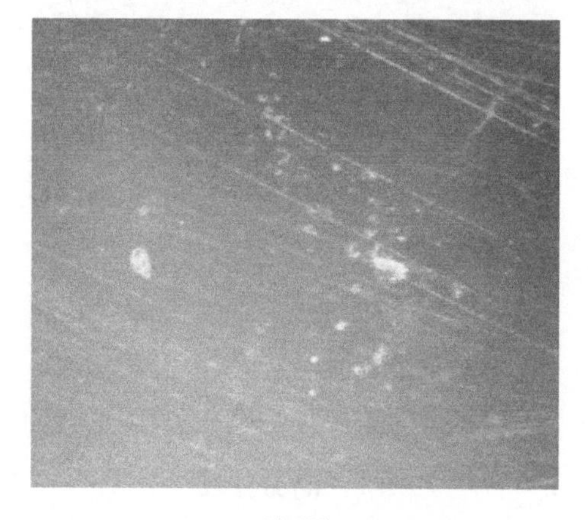

(e) 60d

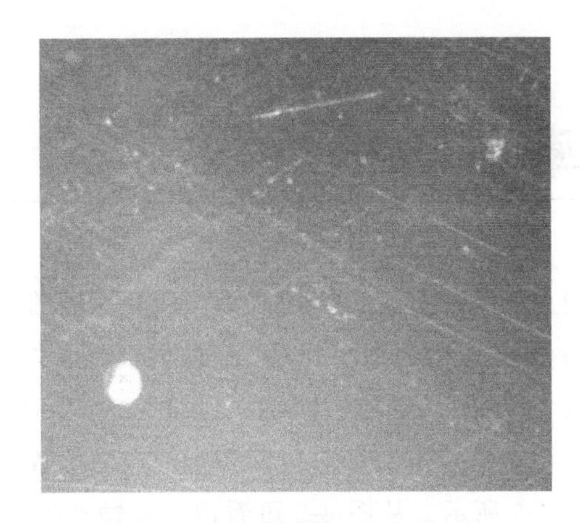

(f) 65d

图 4-3　试样表面的点蚀

饱和，氧分压比取 0.21；对实验数据进行统计处理后，采用蒙特卡罗数值模拟法计算不同时间的点蚀萌生概率。当模拟次数大于 10^5 时，计算结果基本不随模拟次数的增加而变化。因此，把模拟次数为 10^5 时的计算结果作为最终值，结果如图 4-4 所示。

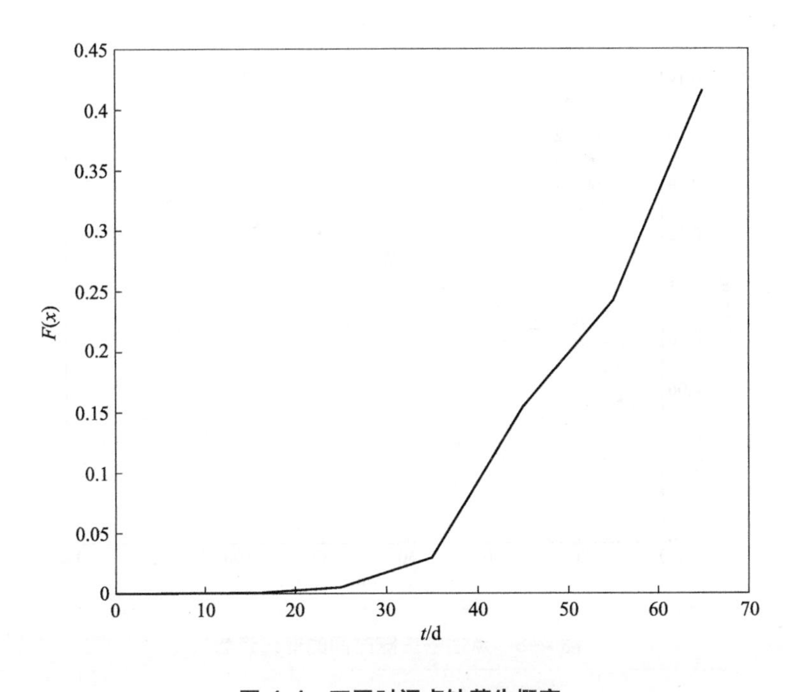

图 4-4　不同时间点蚀萌生概率

4.2 点蚀产生率分析

为了解不同时间点蚀萌生数量，采用浸泡法研究点蚀的萌生率，为缩短试验周期，使用 $FeCl_3$ 溶液作为腐蚀液。试验用材、试样尺寸、封装方式同 4.1.3 节，试样打磨后放入 6% $FeCl_3$ 溶液中浸泡。经过一定时间的腐蚀后，把试样取出，经清洗和烘干，在低倍镜下测量单位面积上的点蚀坑数目。点蚀密度随浸泡时间的变化趋势如图 4-5 所示。从图 4-5 可看出，点蚀产生的初始阶段，点蚀萌生率很大，经过一段时间后逐渐减小，并趋于平稳。由于点蚀的产生与材料表面的 MnS 夹杂有关，MnS 夹杂部位点蚀的孕育时间基本相同，点蚀萌生时间比较集中。

点蚀萌生率趋于平稳的原因有两方面：一方面，当材料表面绝大部分的 MnS 夹杂溶解并形成点蚀坑后，点蚀坑萌生速率由萌生速率平稳的光滑表面上形成的点蚀坑控制；另一方面，在已有的点蚀坑生长过程中，坑外的阴极反应抑制了点蚀坑周围钝化膜的溶解，降低了点蚀敏感性。

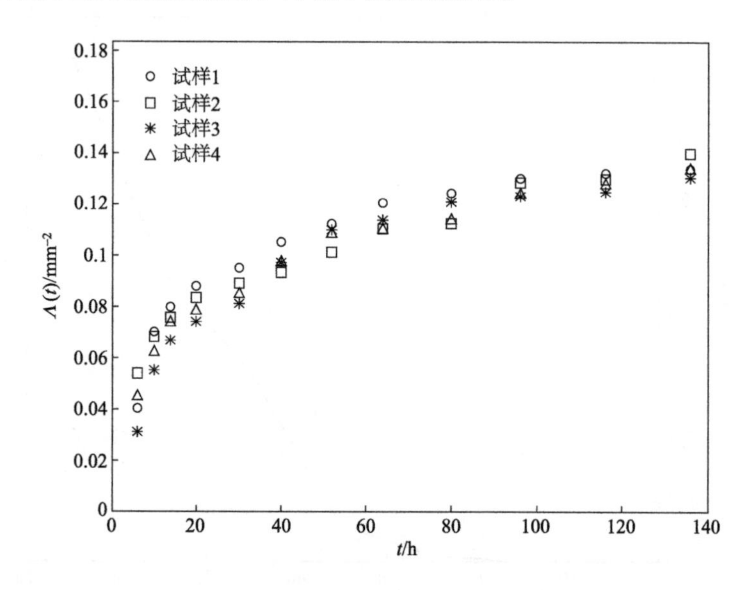

图 4-5 点蚀密度随时间的变化趋势

为了描述点蚀萌生数量与时间之间的关系，选用非齐次泊松过程来模拟点蚀的萌生过程。定义平均点蚀密度为：

$$\Lambda(t)=\frac{\gamma}{\delta}t^{\delta} \tag{4-12}$$

式中　γ，δ——与环境有关的参数。

点蚀萌生的强度函数为：

$$\lambda(t)=\gamma t^{\delta-1} \tag{4-13}$$

因此，在 $[t_1, t_2]$ 时间内单位面积上萌生 k 个点蚀的概率为：

$$P[N(t_2)-N(t_1)]=\frac{[\Lambda(t_2)-\Lambda(t_1)]^k}{k!}\exp\{-[\Lambda(t_2)-\Lambda(t_1)]\} \tag{4-14}$$

根据试验数据，采用极大似然法估算参数 γ 和 δ 值。假设第 i 个时间区间 $[t_{i-1}, t_i]$ 内单位面积上萌生的点蚀数目为 k_i，每个进行了 12 次观察，根据式(4-14)，可得到任一试样 j 上点蚀萌生数目分布的似然函数：

$$L_j(\gamma,\delta)=\prod_{i=1}^{12}\frac{[\Lambda(t_i)-\Lambda(t_{i-1})]^{k_i}}{k_i!}\exp\{-[\Lambda(t_i)-\Lambda(t_{i-1})]\} \tag{4-15}$$

为求出参数的最大似然估计值，把式(4-12) 代入式(4-15) 并取对数：

$$\ln L_j(\gamma,\delta)=\sum_{i=1}^{12}\left\{k_i\ln\left[\frac{\gamma}{\delta}(t_i^{\delta}-t_{i-1}^{\delta})\right]-\ln k_i-\frac{\gamma}{\delta}(t_i^{\delta}-t_{i-1}^{\delta})\right\} \tag{4-16}$$

分别求关于 γ 和 δ 的偏导数，得到似然方程组：

$$\begin{cases}\dfrac{\partial\ln L(\gamma,\delta)}{\partial\gamma}=\sum\limits_{i=1}^{12}\left[k_i\left(\dfrac{1}{\gamma}-\ln\delta\right)-\dfrac{1}{\delta}(t_i^{\delta}-t_{i-1}^{\delta})\right]=0\\ \dfrac{\partial\ln L(\gamma,\delta)}{\partial\delta}=\sum\limits_{i=1}^{12}\left[\begin{array}{l}k_i\left(\ln\gamma-\dfrac{1}{\delta}+\dfrac{\ln t_i\times t_i^{\delta}-\ln t_{i-1}\times t_{i-1}^{\delta}}{t_i^{\delta}-t_{i-1}^{\delta}}\right)\\+\dfrac{\gamma}{\delta^2}(t_i^{\delta}-t_{i-1}^{\delta})-\dfrac{\lambda}{\delta}(\ln t_i\times t_i^{\delta}-\ln t_{i-1}\times t_{i-1}^{\delta})\end{array}\right]=0\end{cases} \tag{4-17}$$

采用 MATLAB 软件求解，分别得到 γ 和 δ 的最大似然估计值为 0.0317 和 0.301。根据参数拟合的曲线（如图 4-6 所示），虽然单个试样上点蚀萌生数量与拟合结果有一定的差距，但是综合所有的试样来比较，试验值与模拟值是很接近的。因此，采用非齐次泊松过程可以很好地描述奥氏体不锈钢点蚀产生过程的随机性。

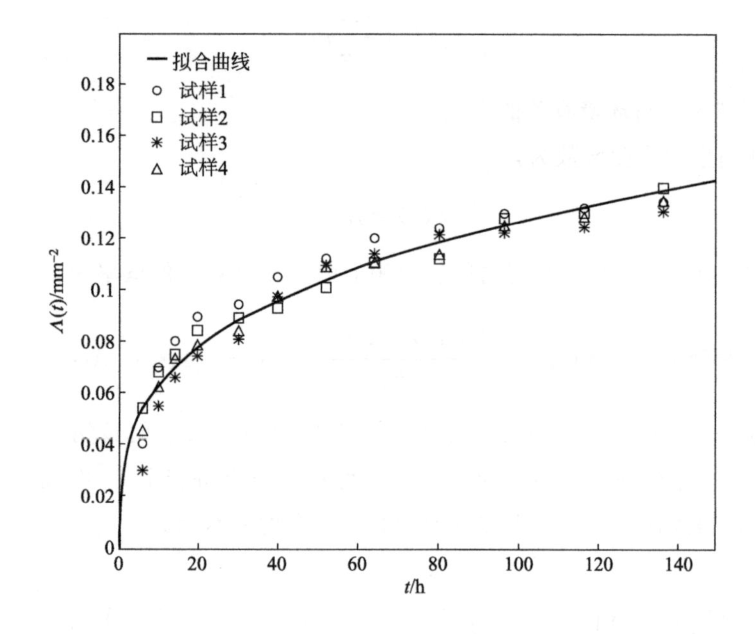

图 4-6 点蚀密度拟合曲线与试验数据比较

4.3 点蚀生长概率分析

4.3.1 点蚀生长模型

稳态点蚀一旦形成，坑外发生阴极反应：$2H_2O+O_2+4e^- \longrightarrow 4OH^-$ 或 $H^+ + e^- \longrightarrow H$；坑内的金属发生阳极溶解反应：$M \longrightarrow M^{n+} + ne^-$；金属离子向外扩散并会进一步发生水解反应：$M^{n+} + H_2O \longrightarrow M(OH)^{(n-1)+} + H^+$。腐蚀产物和可溶性盐在坑口沉淀，使蚀坑形成闭塞电池。随着水解反应的进行，点蚀坑内溶液的酸性增强，为了保持电荷平衡，Cl^- 向坑内迁移，坑壁金属无法再钝化，坑内 Cl^- 浓度逐渐升高，加速了腐蚀进程。

点蚀坑的形状有半球形、半椭球性、锥形等，其中半椭球形是奥氏体不锈钢点蚀中最常见的一种类型。假设点蚀坑的形状为半椭球形，长轴、短轴和深度分别用 $2b$、$2c$、a 表示，当开口平面内长、短两轴相等，即 $b=c$ 时，点蚀坑的体积可写为：

$$V=\frac{2}{3}\pi c^{2}a \tag{4-18}$$

假设形状系数 $\phi=\frac{c}{a}$，则上式可写为：

$$V=\frac{2\pi}{3}\phi^{2}a^{3} \tag{4-19}$$

假设点蚀坑以恒定的体积增长率生长，由点蚀坑发展的电化学过程及 Faraday 原理[130]，点蚀坑的体积增长率为：

$$\frac{\mathrm{d}V}{\mathrm{d}t}=\frac{MI_{\mathrm{p}}}{zF\rho} \tag{4-20}$$

式中　M——原子量，g/mol；

z——化合价；

F——法拉第常数，C/mol；

ρ——金属材料密度，g/mm^3；

I_{p}——点蚀电流，A。

假设形状系数 ϕ 为常数，根据式(4-19) 和式(4-20) 可得：

$$\frac{2}{3}\pi\phi^{2}(a^{3}-a_{0}^{3})=\frac{MI_{\mathrm{p}}}{zF\rho}t \tag{4-21}$$

式中　a_0——点蚀坑初始尺寸。

点蚀坑的深度随时间的增长可表示为：

$$a=[At+a_{0}^{3}]^{1/3} \tag{4-22}$$

式中　A——与材料、腐蚀环境和点蚀形状有关的常数，$A=\frac{3MI_{\mathrm{p}}}{2\pi\phi^{2}zF\rho}$。

点蚀坑的生长包括亚稳态和稳态两个阶段。亚稳态点蚀生长过程中，一般点蚀电流密度较大，点蚀生长较快，与整个点蚀生长过程相比较，此阶段所经历的时间很短。可以采用点蚀电流密度 i_{p} 和点蚀坑深度 a 的乘积值来判断点蚀是否已发展到稳定状态。Pistorius 等人[131]的研究表明，当 $i_{\mathrm{p}}a$ 值达到 3×10^{-4} A/mm 时就可使点蚀坑稳定生长。根据文献［132］的研究结果，S30403 不锈钢在 3.5％NaCl 溶液中亚稳态点蚀活性溶解阶段电流密度为 3.5×10^{-2} A/mm^2，由此可计算出稳态点蚀坑的初始深度为 8.57μm。

4.3.2 点蚀生长概率

根据式(4-22)来分析点蚀生长概率，首先需要分析表达式中的确定变量和随机变量。其中，M、z 和 ρ 是确定变量，I_p、ϕ 和 a_0 为随机变量。在点蚀稳定生长阶段，由于不考虑形态的变化，可以只考虑 I_p 和 a_0 的不确定性而忽略形状系数 ϕ 的不确定性。

（1）I_p 的不确定性

根据 Arrhenius 定律[130]可以得到 I_p 和温度的关系式：

$$I_p = I_{p0}\exp\left[-\frac{\Delta H}{RT}\right] \tag{4-23}$$

式中 I_{p0}——点蚀电流常数；

ΔH——不锈钢的激活（活化）能；

R——理想气体常数；

T——热力学温度。

由于不同的环境和应力作用下 I_{p0} 无法通过计算公式得到，因此 I_p 的随机性只能通过对大量实测数据统计获得。

（2）a_0 的不确定性

假设点蚀初始深度等于 MnS 夹杂物的横截面尺寸，那么，a_0 的不确定性是由夹杂物的尺寸引起的。对于奥氏体不锈钢，MnS 夹杂物直径在 1～5μm 之间，根据文献的统计[43,44,47,129]，MnS 夹杂物横截面尺寸服从对数正态分布，均值和方差分别是 2μm 和 0.1μm^2，根据概率理论求得 a_0 的概率密度函数为：

$$f(a_0^*) = \frac{1}{0.16a_0^*\sqrt{2\pi}}\exp\left[-\frac{1}{2}\left(\frac{\ln a_0^* - 0.68}{0.16}\right)^2\right] \tag{4-24}$$

4.4 小结

本章主要研究了点蚀的萌生和生长，在此基础上，分析了萌生和生长的概率。

① 分析点蚀萌生的电化学机理，建立了点蚀萌生的判据。根据试验数据，

计算了点蚀萌生的概率。

② 对 S30403 不锈钢点蚀实验数据进行了分析，采用非齐次泊松过程描述了点蚀产生的随机过程，并对模型的参数进行了估计。

③ 对半椭球点蚀坑的生长过程进行了建模，分析了模型中变量的随机性。结果表明，点蚀坑深度尺寸的概率主要与点蚀电流和 MnS 夹杂物的尺寸两个随机变量有关。

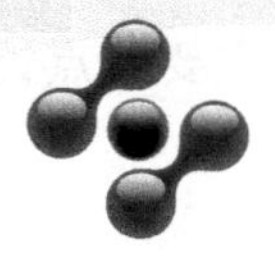

第5章

应力腐蚀裂纹萌生与扩展概率分析

存在拉应力的情况下，应力腐蚀裂纹优先在点蚀坑处萌生并扩展。在本章中，基于对点蚀坑内裂纹萌生位置的观察，计算点蚀坑内的应力集中系数，分析点蚀坑形貌对裂纹萌生的影响以及点蚀坑内裂纹萌生机理。对高温低 Cl^- 浓度环境中裂纹的扩展速率进行研究，并分析裂纹扩展的随机性。

5.1 应力腐蚀裂纹的萌生

5.1.1 点蚀坑形貌对裂纹萌生的影响

从电化学角度来说，由于金属离子的水解，点蚀坑底的 pH 值更低、Cl^- 浓度更大，裂纹会优先在坑底萌生。但实际中发现，多数应力腐蚀裂纹在坑肩或坑口边缘处萌生，无论在高应力还是低应力情况下，都发现了这种现象。图 5-1 是慢拉伸试验后扫描电镜下观察到的试样表面点蚀坑和裂纹，从图中可看出，点蚀形貌近似为半椭球形，在高应力作用下，沿拉伸方向的表面尺寸大于垂直于拉伸方向的表面尺寸。实际应力腐蚀开裂案例[133]中，观察到的点蚀坑和裂纹萌生位置及形貌如图 5-2 所示。

由图 5-1 和图 5-2 可看出，裂纹在点蚀坑处的萌生和扩展方式主要有以下四种情况：

① 裂纹萌生于坑底，在垂直于拉应力方向沿蚀坑表面一直扩展到坑外表面；

② 裂纹萌生于坑底，只沿材料厚度方向扩展，不向坑外表面扩展；

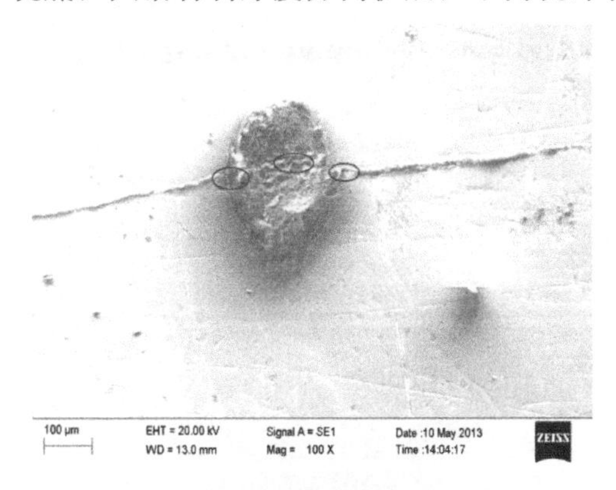

(a) 坑底和边缘裂纹

图 5-1

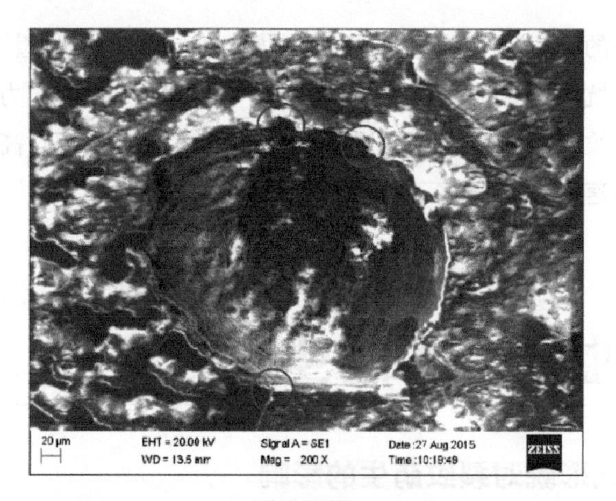

(b) 边缘裂纹

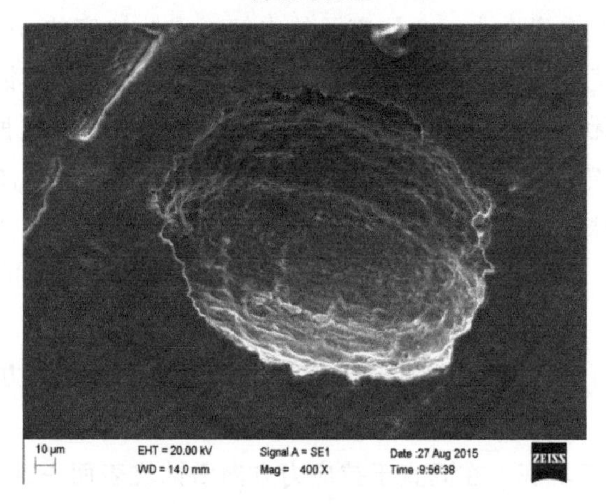

(c) 坑底裂纹

图 5-1　试验中观察到的裂纹萌生位置

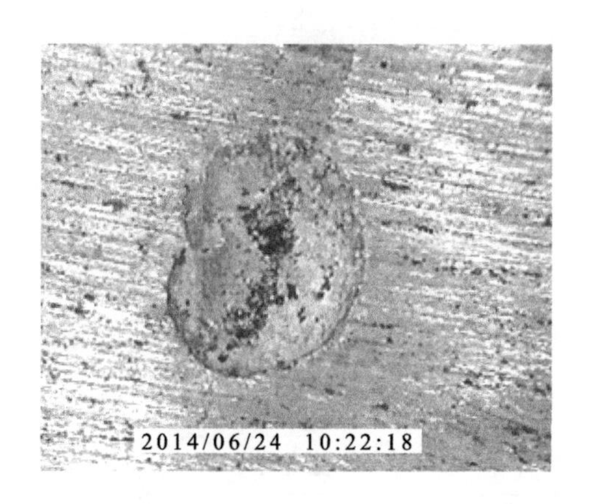

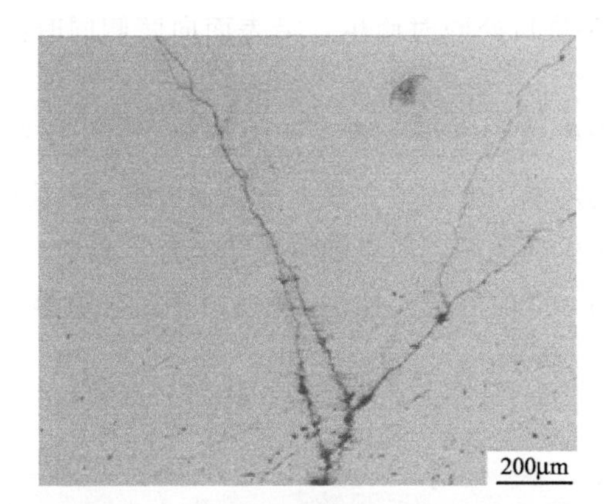

(a) 坑底裂纹

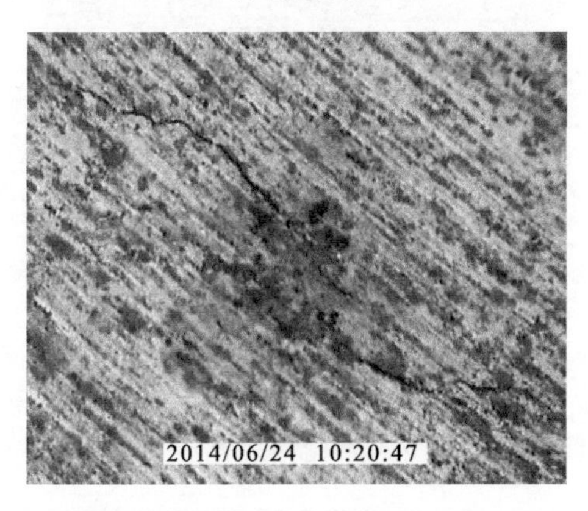

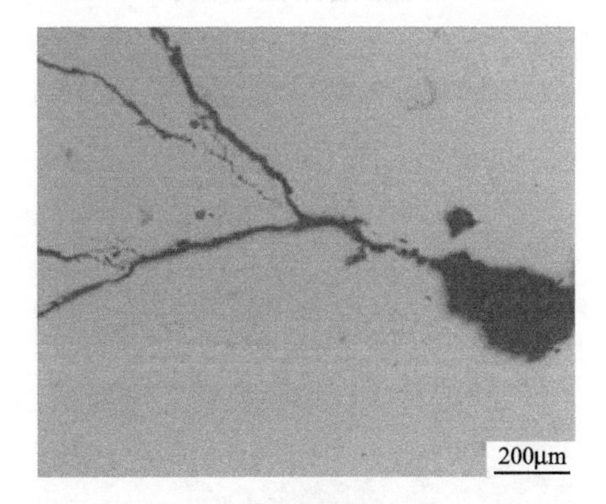

(b) 边缘裂纹

图 5-2　失效案例中观察到的裂纹萌生位置[133]

③ 裂纹萌生于坑口或坑肩，只向坑外表面扩展；

④ 裂纹在底部和坑口处同时萌生，沿表面向两侧同时扩展，最终汇合成主裂纹。

裂纹萌生受力学作用和电化学作用共同作用，而力学作用占重要地位。因此，由点蚀坑引起的局部应力集中在很大程度上决定了裂纹萌生位置。为了明确点蚀坑形貌与裂纹萌生的关系，对点蚀坑尺寸进行了测量。点蚀坑深度采用显微法测量，放大倍数为 200 时的标尺如图 5-3(a) 所示，观察到的点蚀坑底部和表面的图像如图 5-3(b) 所示。

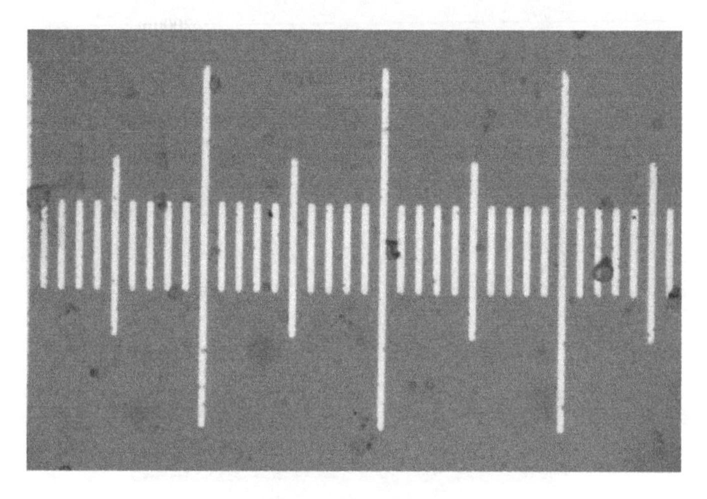

(a) 放大倍数为200的标尺

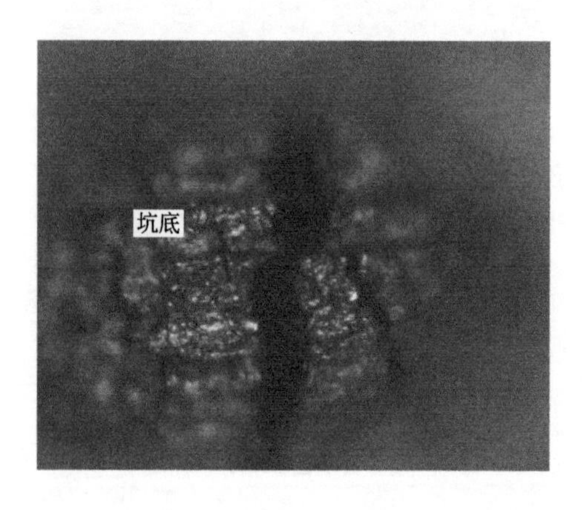

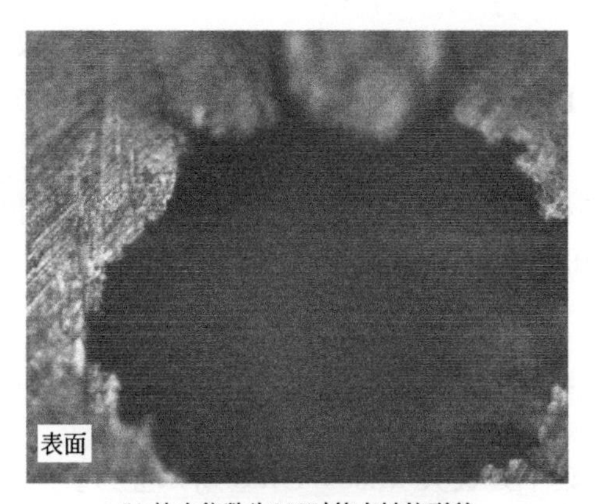

(b) 放大倍数为200时的点蚀坑形貌

图 5-3　显微法测点蚀深度

根据测得的点蚀坑尺寸，采用 ABAQUS 软件对不同形貌点蚀坑建立三维模型，分析点蚀坑内应力集中情况。点蚀坑形貌简化为半椭球形：b 为蚀坑半长，沿拉伸方向；c 为蚀坑半宽，垂直于拉伸方向；a 为蚀坑深度。几何模型和有限元网格模型如图 5-4 所示，模型中部分点蚀坑尺寸来源于应力腐蚀试验后试样中

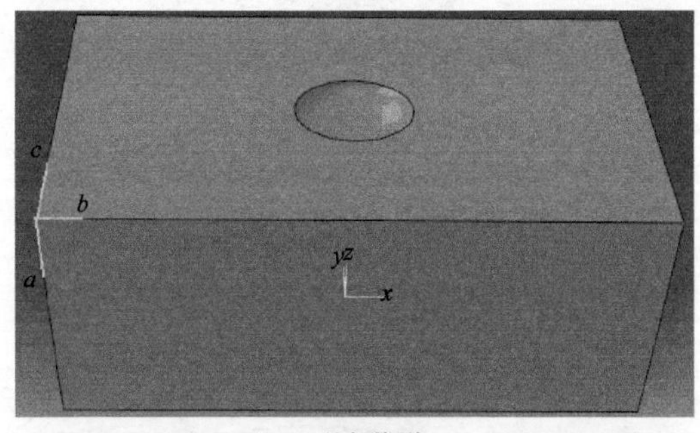

(a) 几何模型

(b) 有限元网格模型

图 5-4　点蚀坑几何模型和有限元网格模型

点蚀坑的实际尺寸。材料模型采用弹塑性模型，弹性模量 $E=210\text{GPa}$，泊松比 $\upsilon=0.3$。XY 面施加 Z 方向的约束，即 $UY=0$，XZ 面采用对称边界。

由于研究目的是得到点蚀坑内应力集中系数，为便于计算，只沿椭球长轴方向施加 10MPa 的拉应力。坑内的应力集中系数 K_t 为[134]：

$$K_t=\frac{\sigma_{\max}}{\sigma} \tag{5-1}$$

式中　$\sigma_{\max}$——应力集中处最大 Mises（米塞斯）应力。

首先对深坑内应力分布进行了模拟，结果如图 5-5 所示。

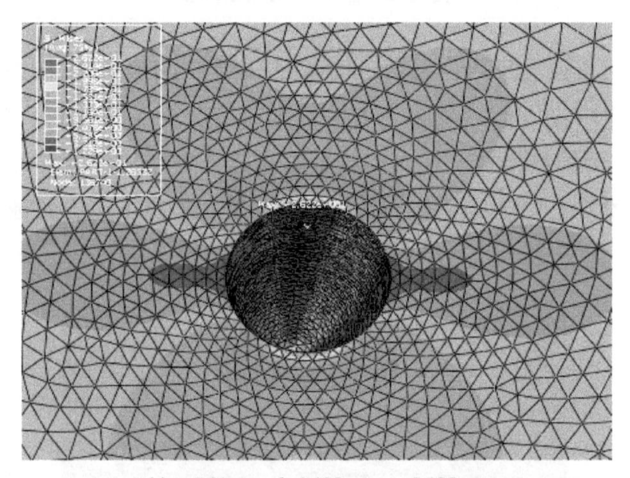

(a) a=0.81mm，b=0.125mm，c=0.125mm

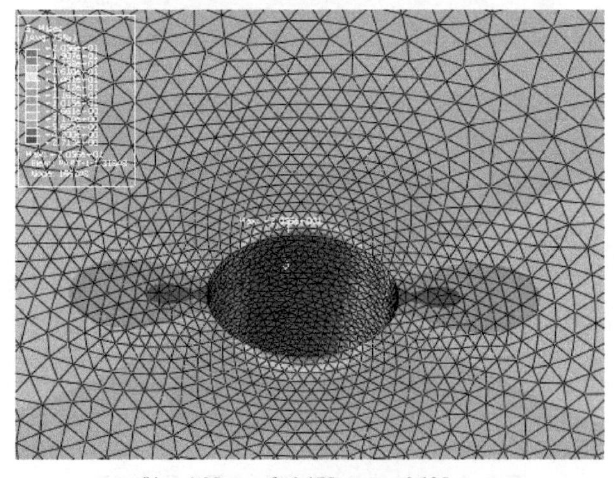

(b) a=1.35mm，b=0.175mm，c=0.125mm

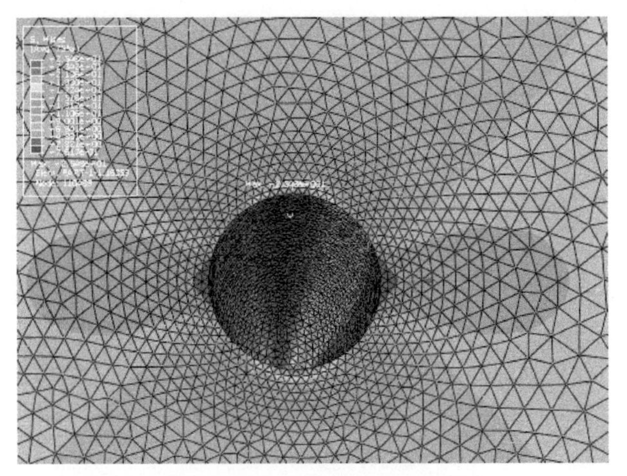

(c) a=0.81mm，b=0.2mm，c=0.2mm

图 5-5　深坑内应力分布

由图 5-5(a) 可知，深宽比 $a/2c=3.24$、$b=c=0.125$mm 的点蚀坑，最大应力位于坑肩部，$K_t=2.6$；坑底和坑口的应力分别为外加应力的 1.9 倍和 2.3 倍。保持宽度不变，深宽比增大为 5.4，同时 b 增大到 0.175mm，最大应力位于肩部，$K_t=2.0$；坑底和坑口的应力分别为外加应力的 1.7 倍和 1.9 倍，如图 5-5(b) 所示。与图 5-5(a) 中的点蚀坑相比，虽然图 5-5(b) 中的点蚀坑深宽比增大，但由于长宽比增大，坑内各处应力集中程度反而减小。对于深宽比为 2.025、半长和半宽都为 0.2mm 的点蚀坑，最大应力也位于肩部，$K_t=2.55$；坑底和坑口的应力分别为外加应力的 2.2 倍和 2.3 倍，如图 5-5(c) 所示。

为了与深坑比较，对浅坑内的应力分布也进行了模拟，结果如图 5-6 所示。

对于 $a=b=c=0.2$mm 的半球形点蚀坑，最大应力出现在肩部，$K_t=1.9$；坑底和坑口的应力分别为外加应力的 1.8 倍和 1.8 倍，如图 5-6(a) 所示。保持长度和宽度不变，深宽比减小至 $a/2c=0.1875$ 时，最大应力出现在坑口，$K_t=1.49$；坑底和肩部的应力分别为外加应力的 1.46 倍和 1.48 倍，如图 5-6(b) 所示。保持长和深度不变，减小宽度使深宽比为 0.25 时，最大应力出现在点蚀坑肩部，$K_t=1.46$；坑底和坑口的应力分别为外加应力的 1.4 倍和 1.4 倍，如图 5-6(c) 所示。在图 5-6(c) 几何尺寸的基础上减小蚀坑深度，使深宽比为 0.133，应力分布情况如图 5-6(d) 所示，最大应力出现在点蚀坑坑口，$K_t=1.17$；坑底和坑肩的应力分别为外加应力的 1.14 倍和 1.1 倍。

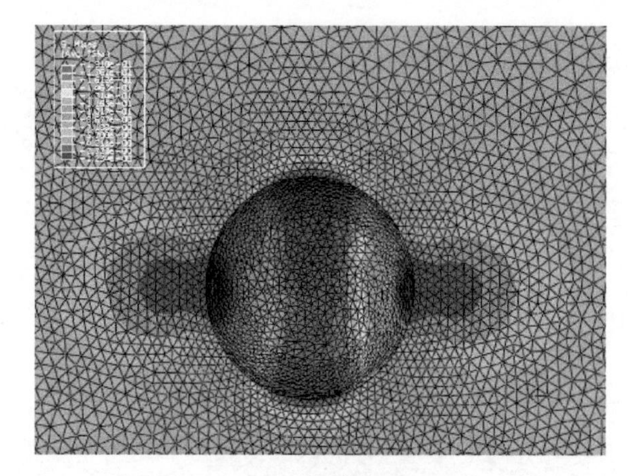

(a) $a=b=c=0.2$mm

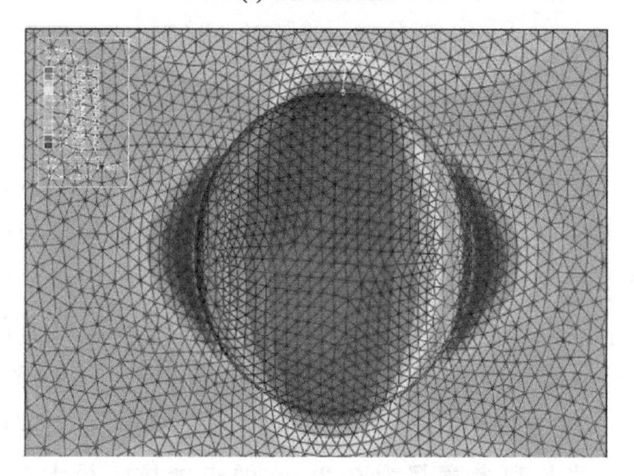

(b) $a=0.075$mm，$b=0.2$mm，$c=0.2$mm

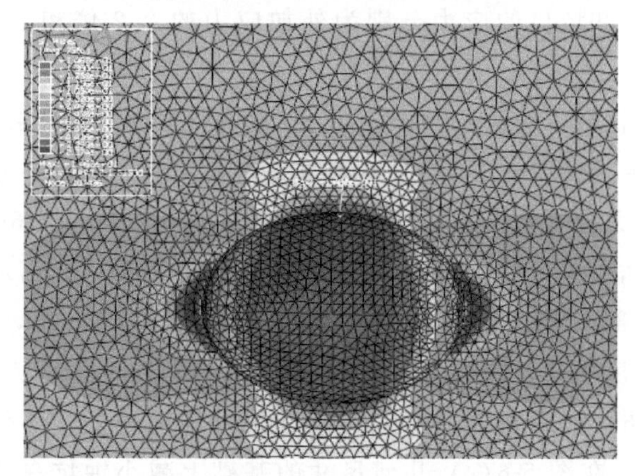

(c) $a=0.075$mm，$b=0.2$mm，$c=0.15$mm

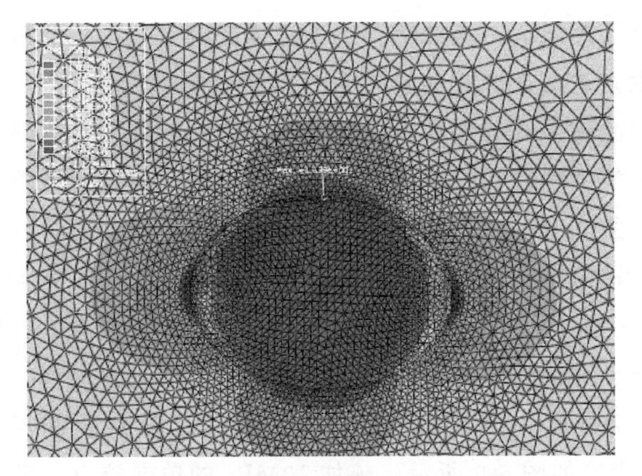

(d) a=0.04mm，b=0.2mm，c=0.15mm

图 5-6　浅坑内应力分布

由以上模拟结果可知：应力集中区垂直于拉伸方向，且呈带状分布，当深宽比较大时，应力集中带从口部到底部逐渐变窄；深坑中最大应力出现在点蚀坑口下边缘，浅坑中应力最大值位于点蚀坑口或坑口下边缘；相同的长宽比下，随着 $a/2c$ 值的减小，应力集中程度降低，应力集中分布带变宽且上下宽度趋于均匀；而深度相同时，b/c 值减小，应力集中系数增大。因此，点蚀坑应力集中系数的大小不仅与深宽比有关，还与长宽比有关，三者之间的关系如图 5-7 所示。

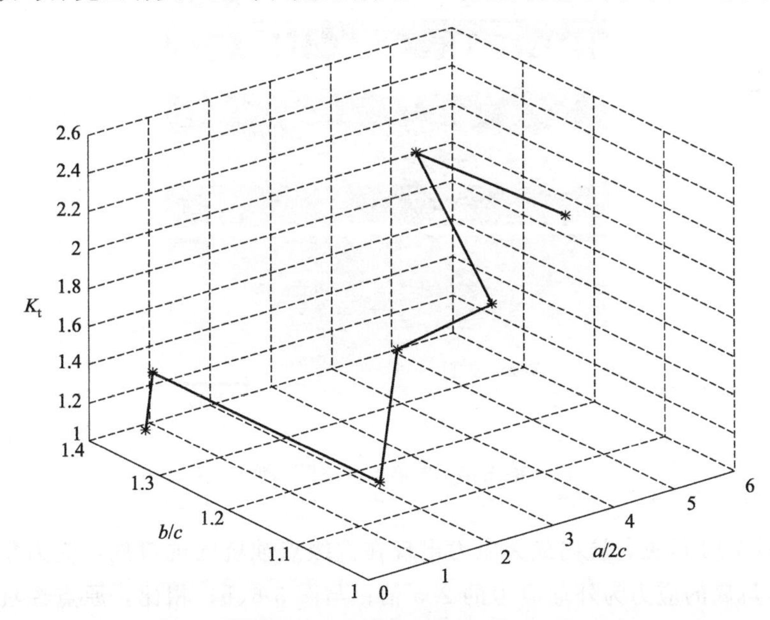

图 5-7　应力集中系数与点蚀坑几何尺寸的关系

不论是深坑还是浅坑，点蚀坑口或下边缘的应力集中程度最大，大部分裂纹会优先在此萌生，这与在试验和实际失效案例中观察到的现象是一致的。然而，也发现了一些起源于坑底的裂纹，这主要有两方面的原因：一是浅蚀坑坑口、坑肩和坑底的应力集中程度相差很小，微小的力学变化和电化学溶解变化都可能引起裂纹萌生位置的改变；二是实际点蚀的形貌并不是标准的半椭球形，受材料内部夹杂及晶体结构的影响，点蚀坑内部可能产生次级点蚀坑，如图 5-8 所示，次级点蚀坑的存在引起最大应力集中位置的改变。为了研究次级点蚀坑对应力集中的影响，在初级点蚀坑的基础上建立次级点蚀坑模型，并进行有限元模拟。点蚀坑尺寸：$a=0.075\text{mm}$，$b=0.2\text{mm}$，$c=0.15\text{mm}$；次级坑的尺寸：$a=b=c=0.01\text{mm}$，几何模型如图 5-9 所示，施加 10MPa 的单向拉力，模拟结果如图 5-10 所示。

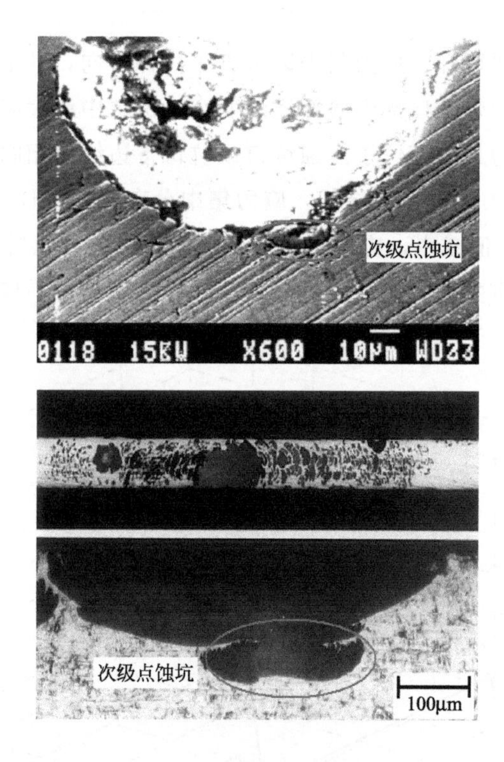

图 5-8 次级点蚀坑[135, 136]

由图 5-10 可见，坑内最大应力出现在次级点蚀坑的坑口处，应力集中系数为 3.2，坑底的应力为外加应力的 2.5 倍；与图 5-6(b) 相比，原点蚀坑坑肩和坑口位置的应力集中程度基本没变。

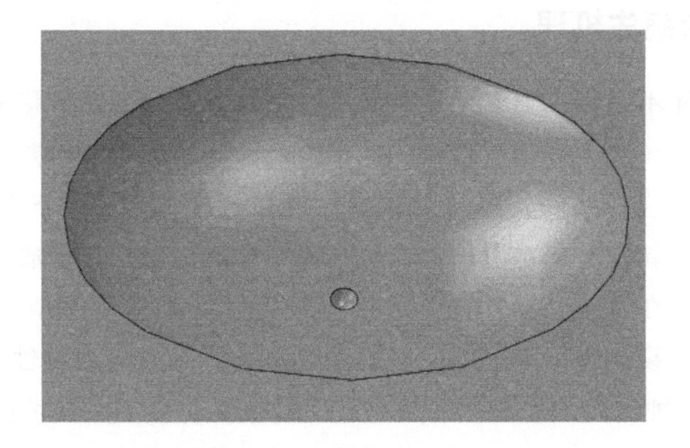

图 5-9　含次级点蚀坑的点蚀坑几何模型

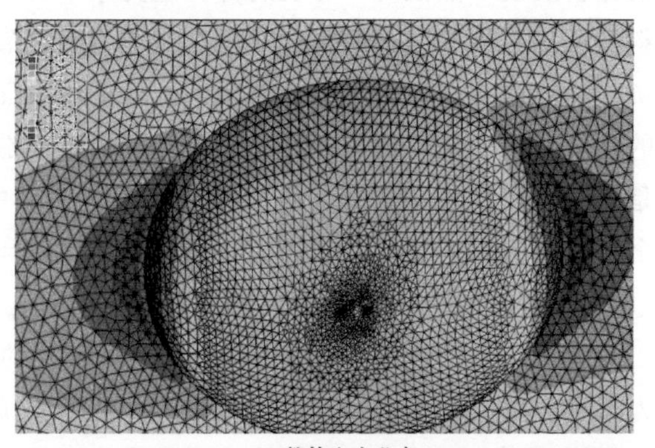

(a) 整体应力分布

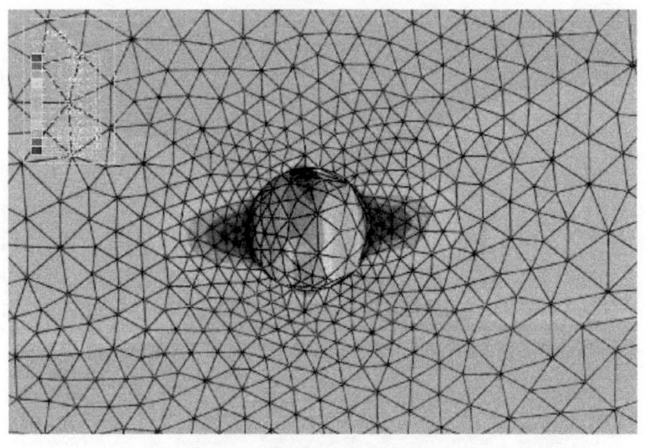

(b) 次级点蚀坑内应力分布

图 5-10　含次级点蚀坑的点蚀坑内应力分布

5.1.2 裂纹萌生机理

对于奥氏体不锈钢应力腐蚀裂纹萌生，解释最普遍的是滑移溶解机理。点蚀坑内，一方面，拉应力作用下形成的钝化膜较薄，耐破裂能力差；另一方面，应力集中使局部的应力升高，容易引起位错滑移，导致钝化膜破裂。钝化膜破裂后，露出活泼的新鲜金属，滑移也使位错密集和缺位增加，促成某些元素或杂质在滑移带偏析，在腐蚀介质作用下发生阳极溶解。阳极溶解增强了局部塑性变形，使材料抗开裂能力下降，周而复始循环下去，导致应力腐蚀裂纹产生。Zhu 等[137]通过对点蚀坑内裂纹萌生的研究发现，裂纹萌生于点蚀坑内应力较大的区域。从应力的角度出发，只要局部应力大于等于临界应力，裂纹就形核。即

$$\sigma_{\max} \geqslant \sigma_{\text{th}}(\text{pH}, T, a_{\text{Cl}^-}, \text{材料微观结构}) \tag{5-2}$$

从 5.1.1 节的分析发现，点蚀坑口和坑肩部位应力集中程度最大，裂纹会优先在此萌生。材料的不均匀性和局部的电化学反应对应力腐蚀裂纹的萌生也有一定的影响，虽然坑内裂纹萌生概率会随着应力集中程度的增大而增大，但实际材料中夹杂和缺陷的存在会改变局部的应力集中分布情况，由此造成理论分析和实际的差距。特别是较浅的点蚀坑，坑口、坑肩和坑底的应力集中程度相差不大，裂纹可能会在多个位置萌生。

把图 5-1(c) 放大，发现点蚀坑底部存在很多长度为 6～8μm 的微裂纹，这些微裂纹都垂直于拉伸方向，如图 5-11 所示。产生多条裂纹的原因是：点蚀坑底部较平坦，应力集中程度几乎相同，只要在比较薄弱的位置就产生位错滑移，进而产生微裂纹。最终，同一面的微裂纹汇聚成一条裂纹，成为主裂纹的起源。

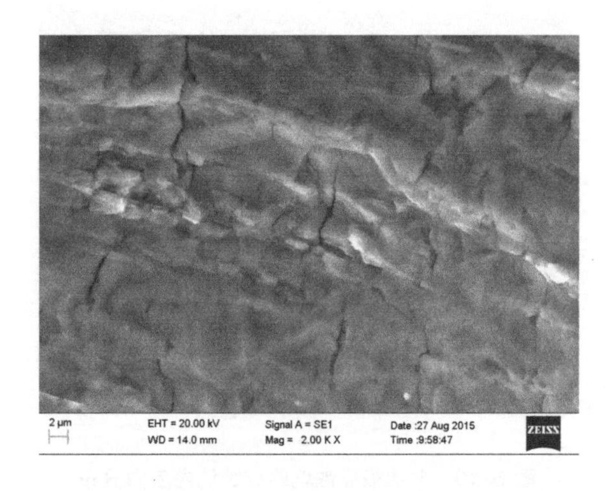

图 5-11 点蚀坑内的微裂纹

5.2 应力腐蚀裂纹扩展概率分析

应力腐蚀裂纹扩展过程具有“三段”式特点，裂纹扩展速率与应力强度因子之间的关系如图 5-12 所示。

在第Ⅰ阶段，da/dt 随 K_{I} 增大而快速增加，该阶段力学因素起主要作用，用时较短；第Ⅱ阶段，da/dt 比较稳定，几乎与 K_{I} 无关，裂纹扩展速率不随力学因素的变化而改变，完全由电化学条件决定，用时较长。第Ⅲ阶段，裂纹扩展速率快速增加直至断裂。

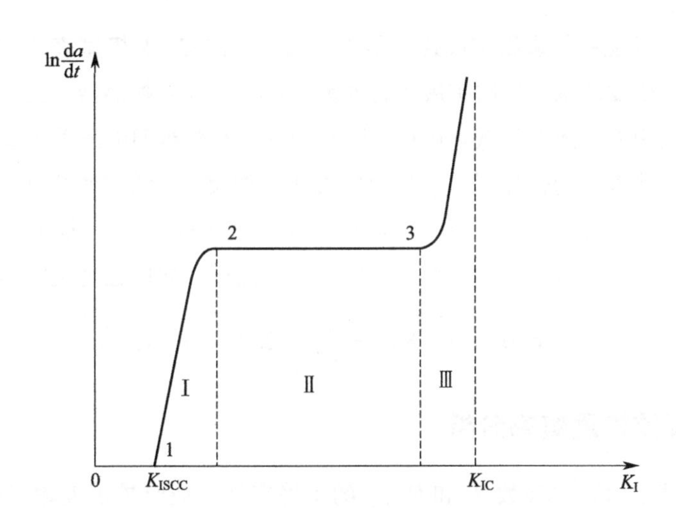

图 5-12　裂纹扩展过程

5.2.1 裂纹扩展速率估算

应力腐蚀裂纹扩展受环境、应力状态以及材料微观结构和性能等众多因素影响，不同情况下的扩展速率不尽相同。到目前为止，裂纹扩展速率的预测仍是应力腐蚀研究的重点和难点。目前，大多数裂纹扩展模型针对核电设备在高温水环境中的开裂，Shoji 模型和 Clark 模型是两个最具代表性的定量预测模型。Shoji 模型完全基于理论推导而获得，模型中涉及的变量较多，虽然能够分析各种环境、材料和力学因素对裂纹扩展速率的影响，但公式非常复杂，解析和计算困难，且公式中包含很多材料参数和电化学参数，组合后所代表的物理意义不够清晰，定量化后的精度难以保证，因此与工程应用距离较远。

Clark 模型是针对不同材料，根据实验数据得到的一种经验模型，模型中考虑了温度和材料的屈服强度对裂纹扩展速率的影响。Clark 模型通用表达式为：

$$\ln \frac{\mathrm{d}a}{\mathrm{d}t}=C_1-\frac{C_2}{T}+C_3R_{\mathrm{p0.2}} \tag{5-3}$$

式中 $C_1 \sim C_3$——分别是与环境和材料有关的常数；

T——温度，K；

$R_{\mathrm{p0.2}}$——材料屈服强度，MPa。

由于 Clark 模型中参数较少，且温度和屈服强度较容易测得，因此该模型在实际工程中得到了广泛采用。本节便采用 Clark 模型研究奥氏体不锈钢的裂纹扩展速率问题。

由于不同环境中的裂纹扩展速率很难采用统一的 Clark 模型表达式，所以本节对高温低 Cl^- 浓度环境中裂纹扩展进行研究。例如管壳式换热器，壳程介质一般为软化水，介质中 Cl^- 浓度很低，即使 Cl^- 在换热管与管板间的缝隙内富集，其浓度相对于饱和盐溶液中的仍然很低，换热管的工作温度一般在 200℃以上。因此，可认为换热管所处的环境是高温低 Cl^- 浓度环境。基于式(5-3)，根据文献［138］～［142］的试验数据，拟合得到了裂纹扩展速率与温度、屈服强度之间的关系式：

$$\frac{\mathrm{d}a}{\mathrm{d}t}=\exp\left[-11.86-\frac{2200}{T}+2.2\times10^{-3}R_{\mathrm{p0.2}}\right] \tag{5-4}$$

5.2.2 裂纹扩展概率分析

考虑到式(5-4) 中参数 T 和 $R_{\mathrm{p0.2}}$ 的不确定性，裂纹扩展速率 $\mathrm{d}a/\mathrm{d}t$ 具有一定的随机性。从第 4 章的研究可知，温度 T 可认为是服从正态分布的随机变量。苏成功[143]对不同厚度不同牌号的奥氏体不锈钢力学性能进行了测试，测量结果如表 5-1 所示。

表 5-1　不锈钢材料拉伸性能测量结果[143]

材料规格	试样编号	屈服强度 $R_{\mathrm{p0.2}}$/MPa	抗拉强度 R_{m}/MPa
S30408-3.4mm	TA01	344	757
	TA02	343	756
	TA03	342	749
	TA04	347	763

续表

材料规格	试样编号	屈服强度 $R_{p0.2}$/MPa	抗拉强度 R_m/MPa
S30408-8mm	TA05	344	740
	TA06	344	753
S30408-12mm	TA07	345	757
	TA08	348	763
S30408-14mm	TA09	381	747
	TA10	330	721
S30408-20mm	TA11	247	681
	TA12	238	648
	TA13	250	647
	TA14	245	643
S32168-20mm	TB01	277	634
	TB02	270	633
	TB03	281	634
	TB04	275	627
S31603-8mm	TC01	277	601
	TC02	274	597
S31603-11.4mm	TC03	311	621
	TC04	306	616
S31603-14mm	TC05	340	606
	TC06	340	600
S31603-20mm	TC07	267	575
	TC08	265	578
S30403-8mm	TD01	313	681
	TD02	323	694
S30403-10mm	TD03	324	704
	TD04	334	726
S30403-12mm	TD05	335	731
	TD06	341	747

对表5-1中四种不锈钢材料屈服强度的分散性进行分析。通过分析发现，在显著性水平0.05下，S31603和S30403不锈钢的屈服强度服从正态分布，如图5-13所示；受板厚度的影响，S30408不锈钢屈服强度的分布规律不明显。四种不锈钢屈服强度的统计量计算结果如表5-2所示，由于S32168材料

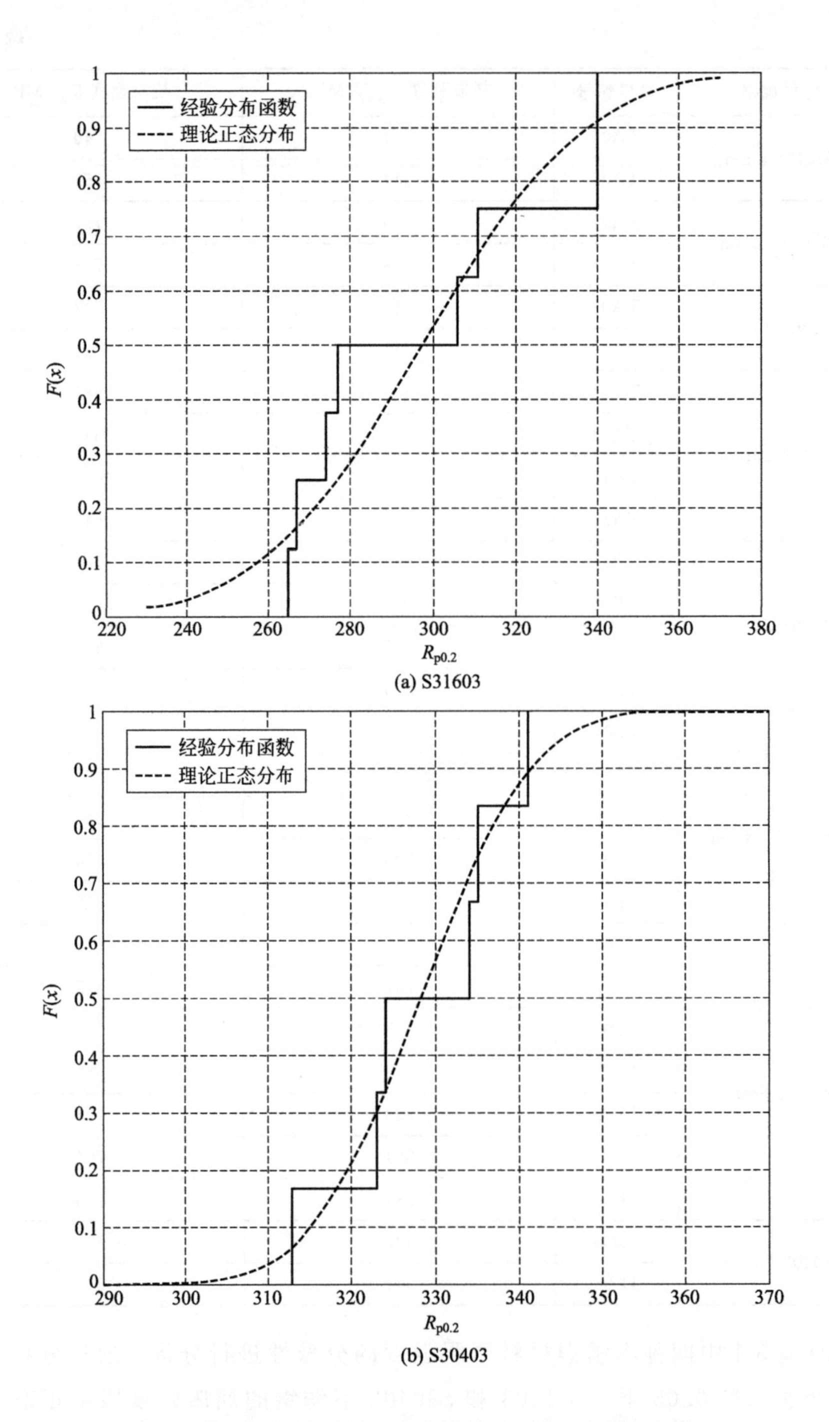

(a) S31603

(b) S30403

图 5-13 屈服强度的经验分布函数和理论正态分布函数

只涉及了一种板厚，因此屈服强度的变异系数较小；其他材料涉及了多种板厚，屈服强度的变异系数较大；如果只考虑一种板厚时，屈服强度的变异系数较小，在0.6%～2%之间。

基于以上分析，可认为奥氏体不锈钢的屈服强度服从正态分布（$\mu_{R_{p0.2}}$，$\sigma^2_{R_{p0.2}}$），这和文献［20］中的结果是一致的。根据 T 和 $R_{p0.2}$ 的分布函数就可以确定 $\mathrm{d}a/\mathrm{d}t$ 的概率分布。

表 5-2 不锈钢材料屈服强度的统计量

不锈钢	均值	标准差	变异系数/%
S30408	320	46	14
S32168	276	4.6	1.6
S31603	297	31	10.5
S30403	328	10	3.1

当然，除了以上两个参数，裂纹扩展的随机性还与环境波动、应力波动以及材料成分和性能的微小差别有关。以 $T\sim N$（240，4.5^2）、$R_{p0.2}\sim N$（320，46^2）为例，得到了裂纹扩展速率的正态概率图，如图5-14所示。仅从图中观察发现，

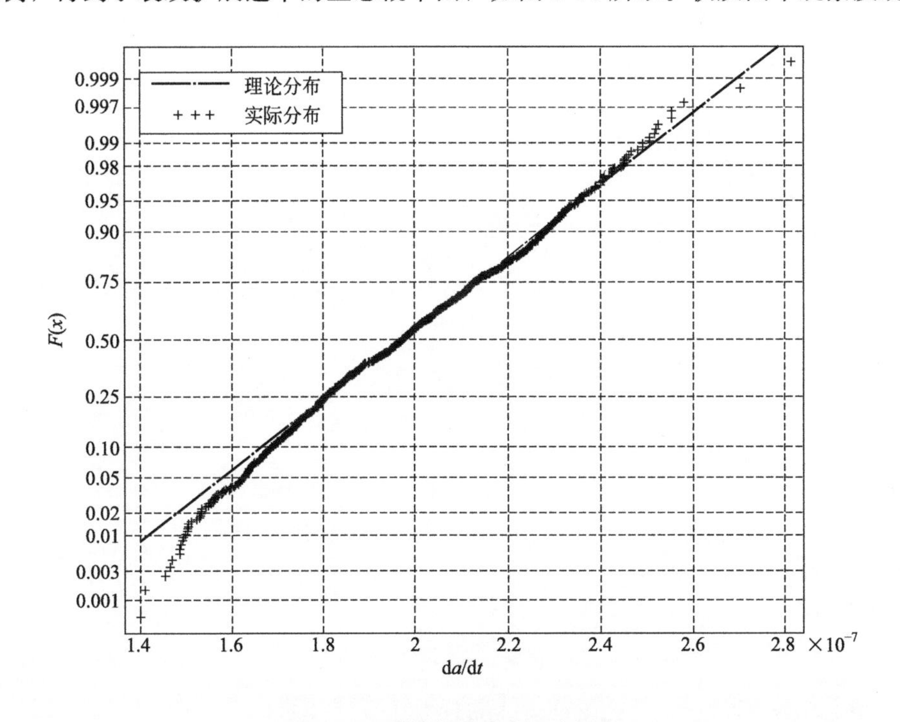

图 5-14 裂纹扩展速率正态概率

裂纹扩展速率近似服从正态分布，但经检验，在显著性水平 $\alpha=0.05$ 下裂纹扩展速率为正态分布的假设是不正确的。

5.3 小结

本章主要讨论了点蚀坑内裂纹的萌生以及扩展。

① 观察了点蚀坑的形貌，测量了点蚀坑的尺寸。采用有限元方法计算了点蚀坑内的应力集中系数，得到了点蚀坑不同尺寸对应力集中系数的影响规律。从应力角度出发，分析了应力集中与裂纹萌生之间的关系。

② 根据 Clark 公式，采用文献中的试验数据，拟合得到高温低浓度 Cl^- 环境中应力腐蚀裂纹扩展速率公式。

③ 得到了材料屈服强度的分布函数，对应力腐蚀裂纹扩展的随机性进行了分析。

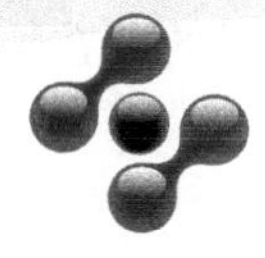

第6章

不锈钢管道失效分析案例

本章分析了胺液净化再生装置中管道焊接处失效的原因。通过观察管道腐蚀外貌，分析材料的化学成分和腐蚀物的化学成分、材料的微观组织以及耐腐蚀性能，认为管道的失效是由点蚀引起的。不锈钢的点蚀是由介质中的氯离子引起的，然而由于焊接过程引起的微观组织变化使材料的耐腐蚀性能降低是管道失效的重要原因。介质中大量硫酸根离子的存在加速了点蚀的生长。

6.1 失效案例介绍

某公司胺液净化再生装置运行仅 50d，管道对接焊缝处就发生泄漏，图 6-1

(a) 发生泄漏的弯管位置

(b) 泄漏位置

图 6-1 泄漏弯管

是管道结构及泄漏位置。管道材质为 304L，对应国内牌号为 022Cr19Ni10，焊材为 E308L。管道内介质为贫胺液，运行温度为 95～100℃。介质中硫酸根离子浓度为 130～140g/L，Cl^- 浓度为 20～60mg/kg，另外还含有微量的亚硫酸根离子，pH 值在 4.5 左右。初始运行时，介质中颗粒物含量为 170mg/kg，后增加到 6000mg/kg 左右，表 6-1 是贫胺液成分检测的原始数据。

表 6-1 管内介质成分检测记录表

采样时间	pH 值	颗粒物 /(μg/g)	硫酸根浓度 /(g/L)	氯含量 /(μg/g)	浓度(TDS) /%	亚硫酸根浓度 /(g/L)	有效胺浓度 /(mg/100mL)
2014-03-02 08	5.08	171.7	115.3	3.2	32.6	0.3983	2661.2
2014-03-02 15	5.02	105	114.1	4.9		0.1981	2482.82
2014-03-03 08	4.97	305	114.1	6.8	31.38	1.739	
2014-03-03 14	4.95	140	114.1	5	31.55	1.939	1964.5
2014-03-04 08	4.91	377.6	121.3	4.6	33.18	0.4383	1886.75
2014-03-05 08	4.84	718.2	124.9	5.7	33.92	0.3583	1640.5
2014-03-06 08	4.82	40	123.7	5.6	34.11	0.3383	1631.6
2014-03-07 08	4.71	550	120.1	57.3	34.48	0.6185	1469
2014-03-08 08	4.65	543.9	122.5	58.9	34.1	0.5984	1236
2014-03-09 08	4.6	440	123.7	59.7	34.03	0.6385	930.41
2014-03-10 08	4.45	1350	120.1	50.4	32.91	0.6585	694
2014-03-11 08	4.41	580	122.5	62.4	33.54	0.7386	841
2014-03-12 08	4.41	1320	136.9	62.2	33.82	1.189	810
2014-03-13 08	4.37	2000	126.1	61.3	35.45	0.6385	822
2014-03-14 08	4.36	1100	134.5	60	35.25	0.5564	734
2014-03-15 08	4.32	1080	138.1	55.9	34.98	0.4984	693
2014-03-16 08	4.32	1100	133.3	54.8	34.59	0.3983	694
2014-03-17 08	4.34	1220	132.1	57.2	35.27	0.4183	690
2014-03-18 08	4.22	1540	135.7	56.8	35.36	0.3983	644
2014-03-19 08	4.18	300	132.1	54.8	34.75	0.3783	628
2014-03-20 08	4.18	765.8	142.9	61	36.53	0.3783	558.2
2014-03-21 08	4.13	1240	135.7	60.6	37.52	0.3783	535.2
2014-03-22 08	4.16	1520	127.3	47.9	34.7	0.2982	407.6
2014-03-23 08	4.19	1440	138.1	47.1	35.91	0.2582	446
2014-03-24 08	4.16	1121.4	139.3	51	35.25	0.2182	397.1
2014-03-25 08	4.08	155	140.5	44.1	36.96	0.2182	315.4
2014-03-26 08	4.06	1705.9	144.1	41.5	35.94	0.1781	330.4
2014-03-27 08	3.87	716.7	134.5	38.2	33.6	0.1781	349.1
2014-03-28 08	3.97	1260	134.5	41.6	34.87	0.2482	355.3
2014-03-29 08	4.47	1862.7	134.5	38.4	34.14	0.5184	612.3
2014-03-30 08	4.72	1540	150.1	33.2	35.46	0.7185	608.6
2014-03-31 08	4.65	1700	136.7	36.5	36.29	1.899	675.4
2014-03-31 11			138.1	37.4		0.8586	1051.1
2014-04-01 08	4.63	2900	145.3	42.3	38.28	0.5984	1077.3
2014-04-02 08	4.64	2960	139.3	34.6	36.03	0.7185	1143.2
2014-04-03 08	4.6	3200	144.1	41.1	38.6	0.9187	917.2

6.2 失效分析过程

6.2.1 外观检查

首先对管外焊缝处进行了打磨，如图 6-2(a) 所示，发现有液体渗出，但未发现裂纹、坑等缺陷。同时对管内进行了检查，在焊缝附近发现腐蚀坑，如图 6-2(b)

(a) 焊缝打磨后的漏点

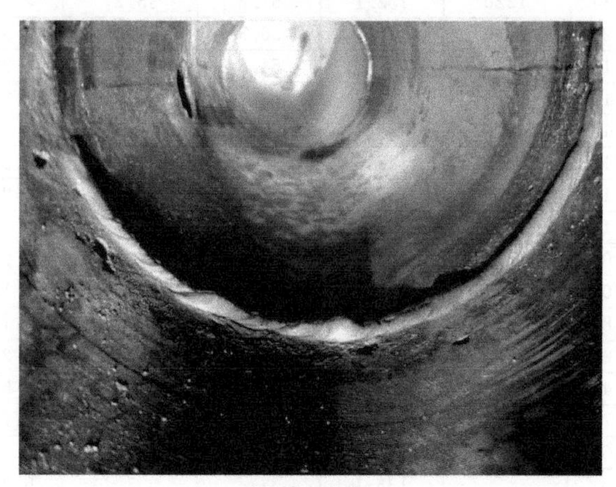

(b) 管内形貌

图 6-2 管道内外宏观检查

所示。为进一步分析管道泄漏原因，将一段管道从生产系统中切割下来，如图 6-3 所示。在图 6-3 所示Ⅰ和Ⅱ两处焊缝连接部位分别取样，从位置Ⅰ处所取试样 1 仅包括部分焊缝金属和母材；位置Ⅱ处取的试样 2 包括完整的焊缝和母材，如图 6-4 所示。试样 1 热影响区多处出现密集小凹坑，焊缝有三处已经腐蚀穿透，如图 6-4(a) 所示，穿透区位于两方向焊缝的交汇处。试样 2 焊缝两侧的热影响区也都出现了密集的小凹坑，内部焊缝成型不平整，焊缝有两处发生严重腐蚀，且两处都位于两方向焊缝的交汇处，如图 6-4(b) 所示。管道内外壁面和横剖面都没发现裂纹。

图 6-3　取样管道

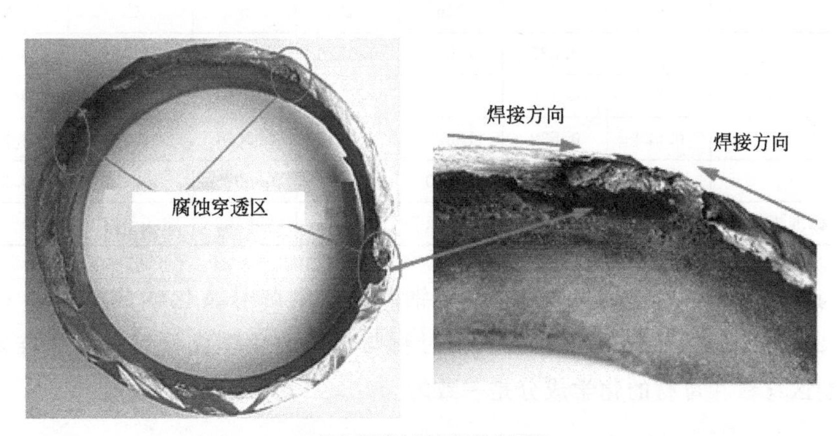

(a) 部分焊缝金属和母材(试样1)

图 6-4

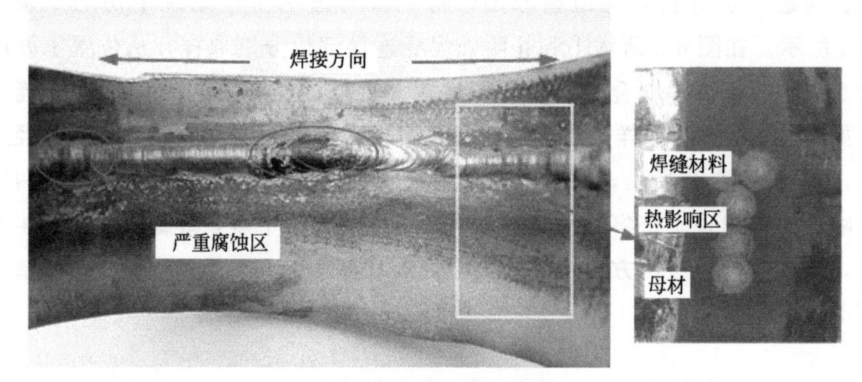

(b) 完整的焊缝和母材(试样2)

图 6-4　焊缝处宏观腐蚀形貌

6.2.2　化学成分分析

在试样 2 上取一块材料制成光谱试样，取样位置如图 6-4(b) 所示的长方形区域。采用光谱仪对所取试样沿管壁外侧，分别对母材（BM)、热影响区(HAZ)、焊缝材料（WM）的化学成分进行检测分析，分析结果如表 6-2 所示。

表 6-2　焊缝区材料成分和标准规定

材料	成分(%)						
	C	Si	Mn	P	S	Cr	Ni
母材	0.023	0.532	1.635	0.0325	0.0031	18.158	8.099
304L 标准规定	≤0.03	≤1.0	2.0	≤1.0	≤0.03	18.0～20.0	8.0～11.0
热影响区	0.024	0.532	1.623	0.0325	0.0031	18.252	8.329
焊缝	0.037	0.724	1.230	0.0292	0.0085	19.925	9.001
E308L 标准规定	≤0.04	≤1.0	0.5～2.5	≤0.04	≤0.03	18.0～21.0	9.0～12.0

与标准 GB/T 20878—2007《不锈钢和耐热钢牌号及化学成分》和 GB/T 983—2012《不锈钢焊条》对比分析，母材与焊条的化学成分都符合标准要求。热影响区材料和母材的化学成分是一致的。

6.2.3　坑内腐蚀产物分析

采用扫描电镜对试样 1 腐蚀坑内的腐蚀物进行能谱分析，位置及测试结果如

图 6-5 所示。腐蚀产物中 S 元素含量很高，并含有一定量的 Cl 元素，各元素含量见表 6-3。说明介质中硫元素和氯元素参与了腐蚀过程。

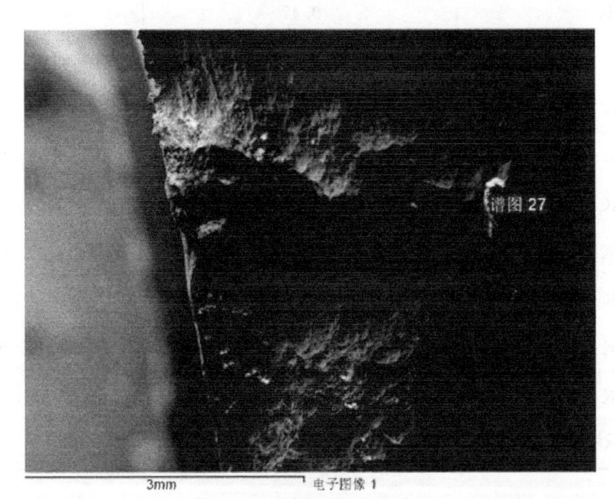

(a) 能谱分析位置

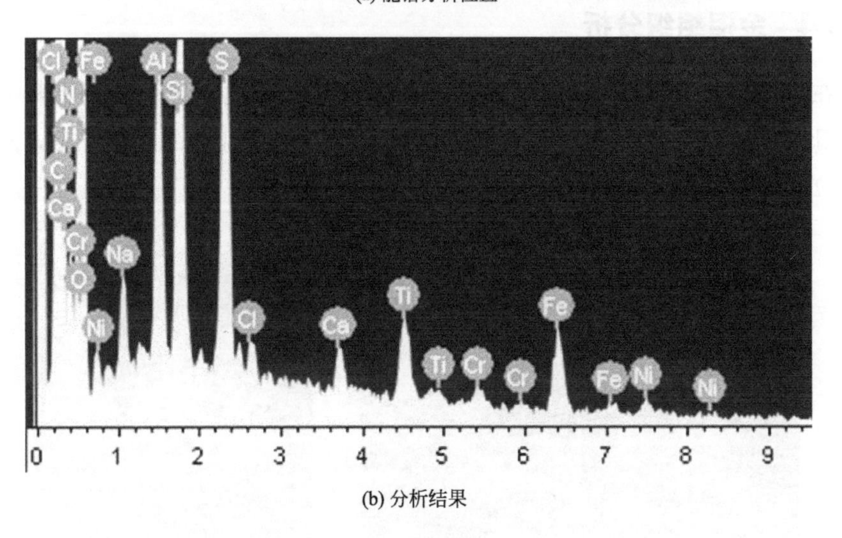

(b) 分析结果

图 6-5　能谱分析

表 6-3　腐蚀产物成分　　%

元素	质量分数	原子分数
C、K	56.79	65.41
N、K	3.97	3.92
O、K	32.12	27.77

续表

元素	质量分数	原子分数
Na、K	0.47	0.28
Al、K	0.94	0.48
Si、K	1.52	0.75
S、K	1.46	0.63
Cl、K	0.18	0.07
Ca、K	0.25	0.09
Ti、K	0.63	0.18
Cr、K	0.22	0.06
Fe、K	1.18	0.29
Ni、K	0.26	0.06

6.2.4 金相组织分析

在试样 2 上沿线取一块金相试样，取样位置如图 6-6 所示。分别沿两个纵剖面对母材、热影响区和焊缝进行金相试验。其中纵剖面Ⅰ焊缝腐蚀严重，其金相观察位置如图 6-6 右图所示。

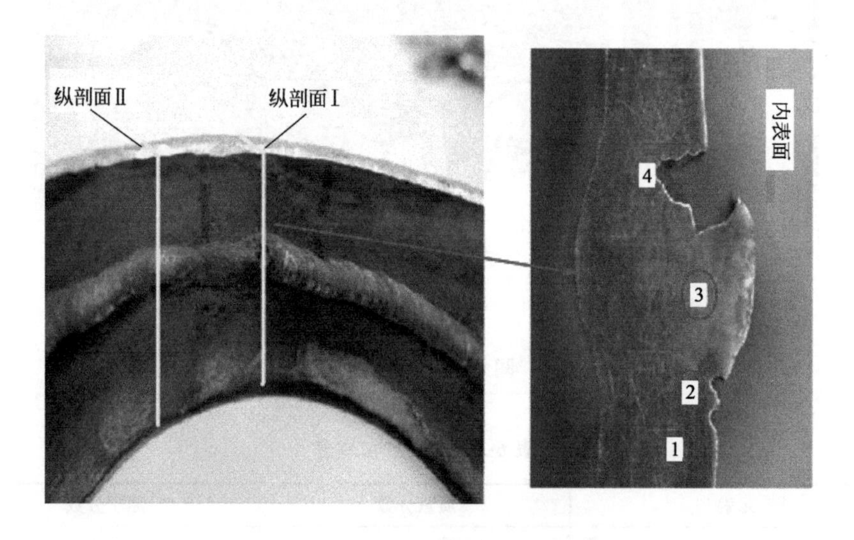

图 6-6　取样方法及金相观察位置

图 6-7 给出了腐蚀侧试样的金相结构。从图 6-7(a) 可以看出，母材基体是

典型的奥氏体组织，部分呈孪晶分布。热影响区母材仍然是奥氏体组织，但由于受热晶粒变得粗大，如图 6-7(b) 所示。与奥氏体组织相比，腐蚀焊缝的金相组织发生了很大变化，可以观察到大量的马氏体组织，如图 6-7(c) 所示。图 6-7(d)

(a) 1处的母材

(b) 2处的热影响区材料

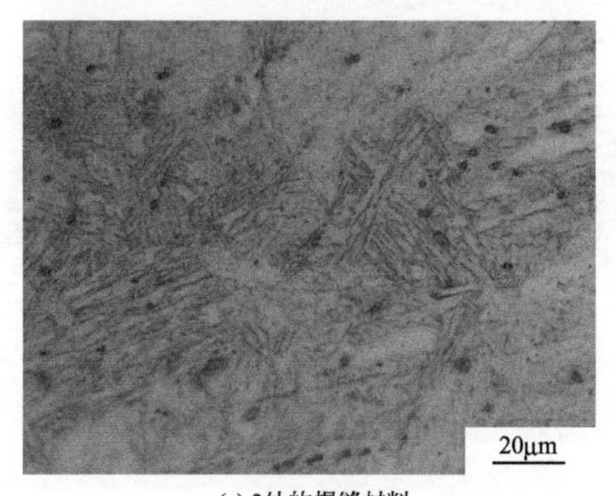

(c) 3处的焊缝材料

图 6-7

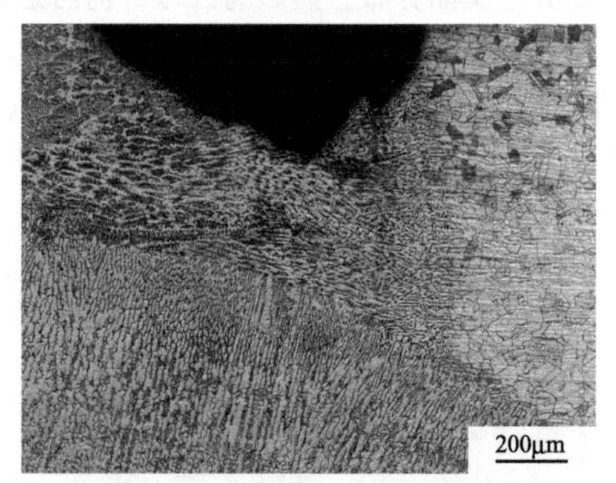

(d) 4处的腐蚀坑处焊缝材料和母材连接处

图 6-7 试样 2 剖面Ⅰ各处的金相组织

是腐蚀坑处焊缝和母材交界处金相，可以看出，管道外壁处焊缝组织为奥氏体及枝状晶的 δ 铁素体，呈柱状晶分布，但是管道内壁发生腐蚀的焊缝组织已发生了变化。

金相试样的纵剖面Ⅱ焊缝未发生腐蚀，金相观察位置如图 6-8 所示。

未发生腐蚀侧的焊缝金相组织如图 6-9 所示，焊缝为典型的奥氏体＋枝晶状 δ 铁素体。

对比发生腐蚀侧和未发生腐蚀侧金属的显微组织可以看出，焊缝的腐蚀是由于焊接引起组织变化而造成的。微观组织中也未发现裂纹。

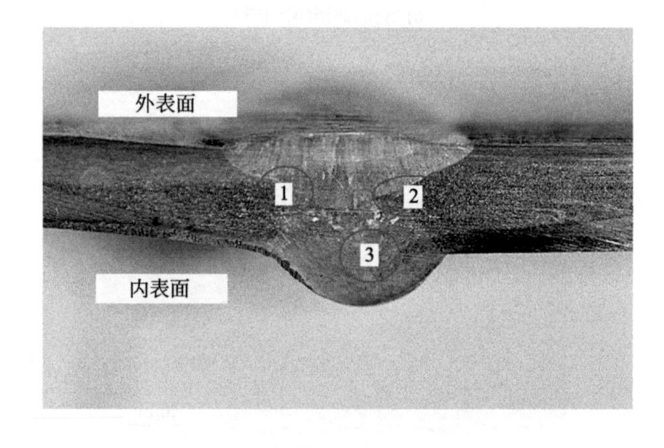

图 6-8 试样 2 剖面Ⅱ金相观察位置

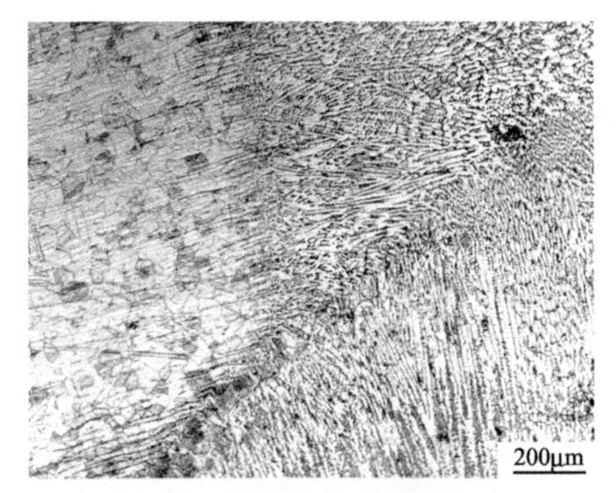

(a) 1处母材与焊缝材料连接处

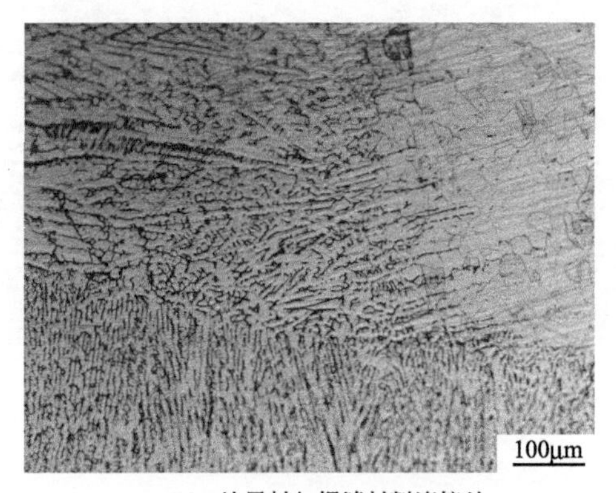

(b) 2处母材与焊缝材料连接处

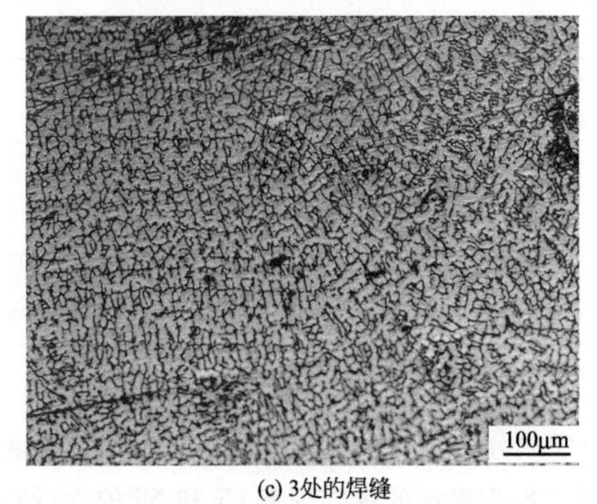

(c) 3处的焊缝

图 6-9　试样 2 剖面Ⅱ各处的金相组织

6.2.5 能谱分析

沿图 6-6 中的纵剖面 I 进行能谱线性分析，扫描位置如图 6-10 所示，沿箭头所指方向扫描。各条扫描线都横跨焊缝和母材区域，其中左侧焊缝和母材由于跨过凹坑，所以分线 1 和线 2 两段扫描。线 3 反应焊缝右边成分和母材成分的变化，线 4 反应正常焊缝和母材成分的变化，扫描结果如表 6-4 所示。

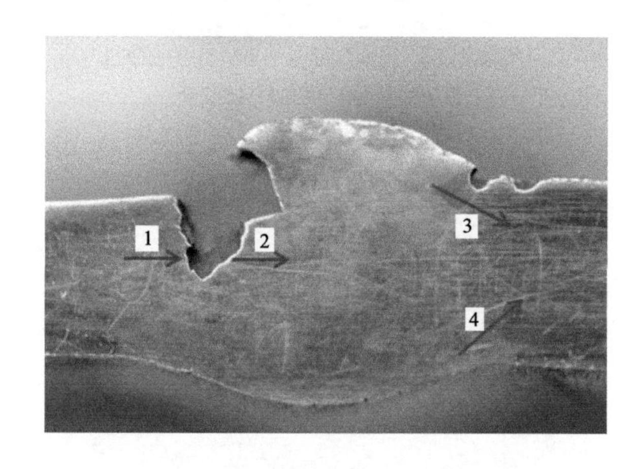

图 6-10 能谱线性扫描位置

表 6-4 线性扫描结果（质量分数） %

位置	成分				
	Si	Cr	Mn	Fe	Ni
线 1	0.47	17.43	0.56	67.63	7.16
线 2	0.91	15.93	1.04	69.67	6.59
线 3	0.68	15.57	1.55	71.97	6.60
线 4	0.85	19.08	1.04	66.88	8.25

注：线能谱给出的元素含量代表整条线上的平均值。

与表 6-2 中的化学成分相比，正常焊缝里的 Cr 和 Ni 含量和母材相当，符合标准规定的要求，但是发生腐蚀的焊缝内部 Cr 和 Ni 的含量明显比正常焊材和母材低。

6.3 电化学试验

为进一步分析母材、焊缝和热影响区材料的耐蚀能力，采用三电极体系对三种材料进行了电化学实验。试验环境：常压、95℃下的贫胺液。

6.3.1 试样制作

如图 6-11 所示，在失效管道上的三个位置采用线切割方法切割圆形试样，分别定义为母材、热影响区材料和焊缝材料，母材和焊缝材料均取自未腐蚀部位。

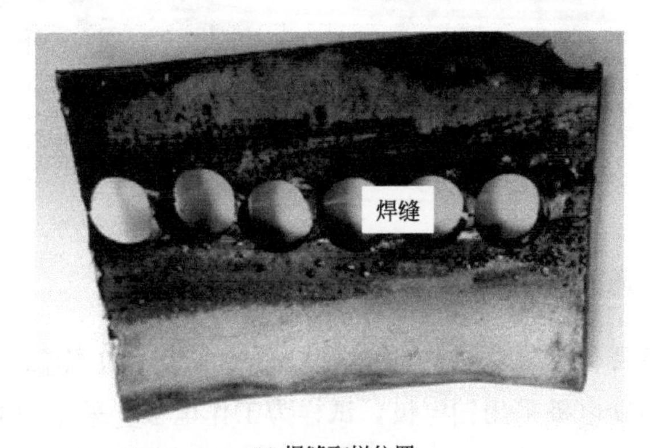

(a) 焊缝取样位置

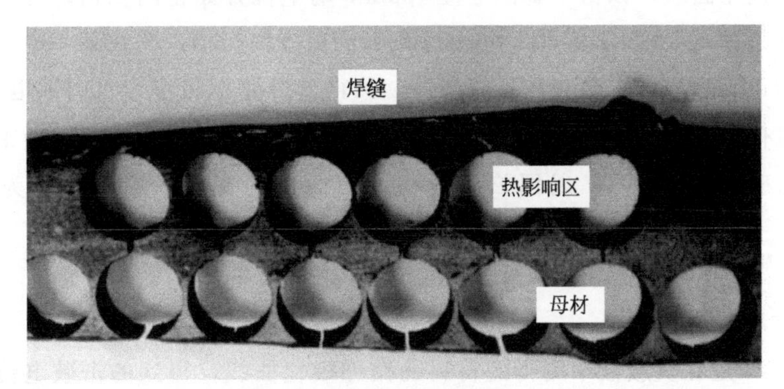

(b) 影响区和母材取样位置

图 6-11　取样位置

圆形试样的直径为 10mm、厚度为 4mm。用锡焊的方法将铜导线焊在试样上，如图 6-12(a) 所示。除工作面（未腐蚀面）以外，其余部分均用环氧树脂密封，工作面依次用 320＃、600＃、800＃、1200＃氧化铝砂纸打磨至镜面光亮，然后用丙酮和乙醇清洗，经去离子水冲洗干净并吹干，置于干燥皿中备用，试样封装如图 6-12(b) 所示。试验前准备了 5 个平行试样。

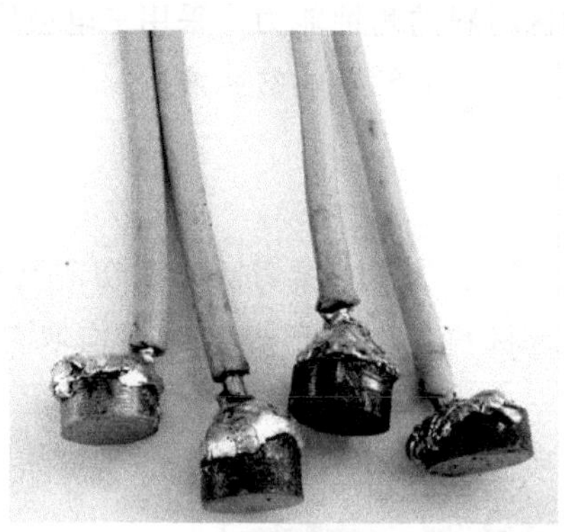
(a) 试样形状

(b) 试样封装

图 6-12　电化学试样

6.3.2　试验仪器及方法

采用武汉科思特仪器有限公司生产的 CS350 电化学工作站，参比电极采用饱和甘汞电极，辅助电极采用铂电极，试样为工作电极。采用动电位扫描法测材料的循环极化曲线。以低于腐蚀电位 100mV 的电位开始正向扫描，当阳极极化电流密度超过 $0.5mA/cm^2$ 时，电位立刻转向负方向扫描，并在某一电位值与极化曲线的正向扫描段汇合。体系稳定后，测得的开路电位作为自腐蚀电位 E_{cor}，以阳极极化曲线对应电流密度为 $10\mu A/cm^2$ 或 $100\mu A/cm^2$ 的电位中最正的电位来表示击破电位（E_b），以回扫曲线与正扫曲线的交点对应的电位为保护电位 E_p。

6.3.3　试验结果

图 6-13 是在贫胺液中测得的材料的循环极化曲线，得到的击破电位、保护电位和自腐蚀电位数值列在表 6-5 中。

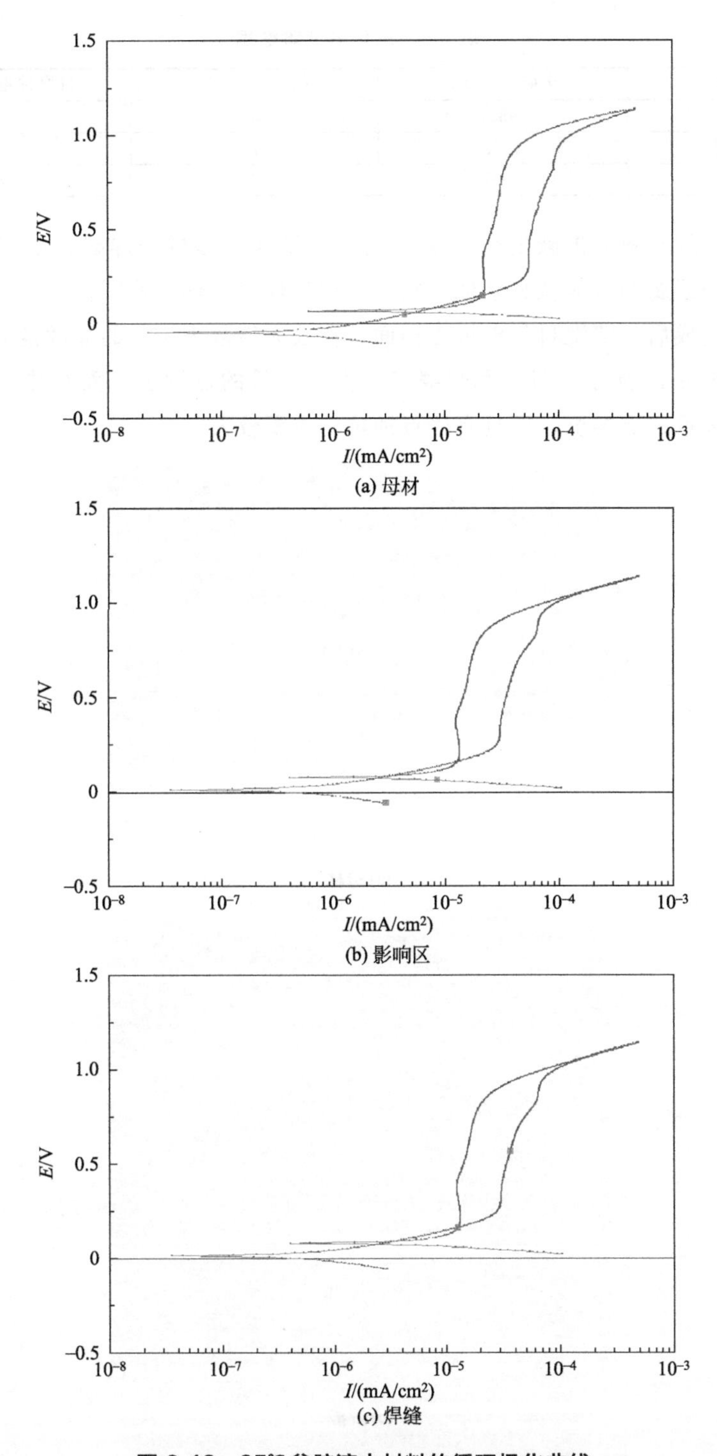

图 6-13　95℃贫胺液中材料的循环极化曲线

表 6-5　电化学试验数据　　mV

材料	击破电位 E_b	保护电位 E_p	自腐蚀电位 E_{cor}
热影响区	932	150	－16
母材	1072	170	37
焊缝	1007	164	－69

比较三种材料的击破电位和保护电位值发现，母材＞焊缝＞热影响区。因此，它们的耐腐蚀性能从高到低分别是母材＞焊缝＞热影响区。

试验完成后，清洗材料电极工作面，在放大倍数为 100 的显微镜下观察腐蚀形貌，如图 6-14 所示。母材和焊缝表面发现少量的点蚀坑；而在热影响区材料表面存在大量的点蚀坑，而且有些点蚀坑的体积较大。

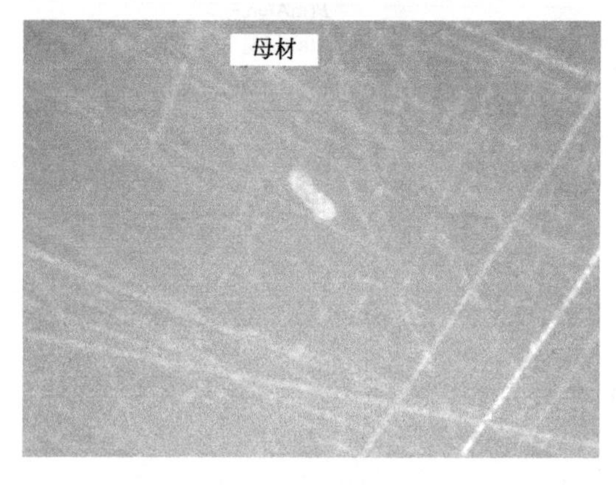

(a) 母材

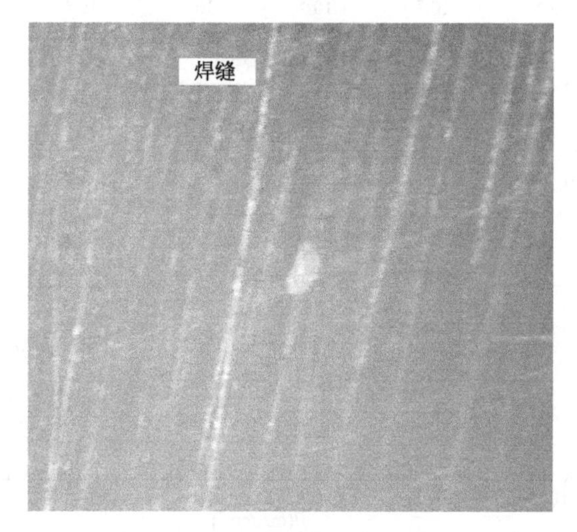

(b) 焊缝

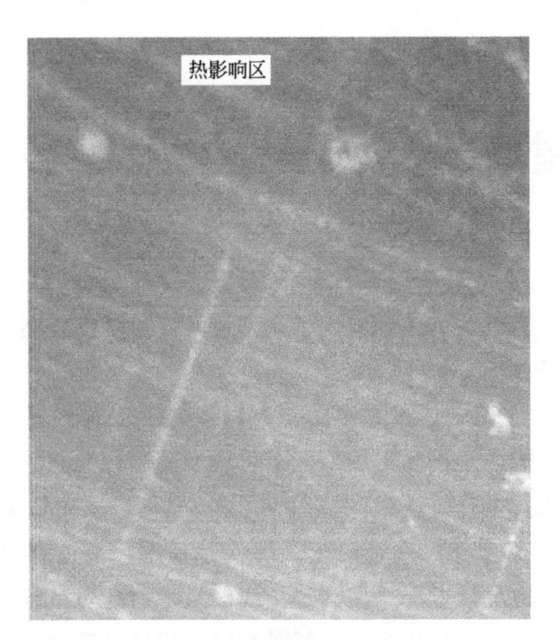

(c) 热影响区

图 6-14　材料电极工作面的腐蚀形貌

通过上面分析发现，管道焊缝连接处的失效是由坑蚀穿透管壁引起的。工作介质中氯离子的存在为点蚀的发生提供了条件。已有研究表明：304 不锈钢在 60mg/kg 的 NaCl 溶液中的临界点蚀温度是 89℃。而在本案例中，介质的温度（95～100℃）已经超过了 89℃。但是，溶液中较高浓度硫酸根离子的存在会抑制点蚀的形成。根据厂家提供的数据，贫胺液中硫酸根离子的浓度很高（约为 13%～14%），足以起到抑制点蚀发生的作用。因此，管道母材中未发生点蚀。

本案例中，热影响区出现了大量的点蚀，表明该区域的耐点蚀性能较低。耐点蚀性能的降低主要是由焊接过程中材料的显微组织变化造成的。另外，焊接产生的应力易集中于热影响区，易导致不锈钢表面的钝化膜破碎及滑移，使热影响区点蚀敏感性增加[144]。虽然热影响区的耐点蚀能力最差，但是，腐蚀最严重的地方却发生在焊缝上焊接接头处。这可能是由于焊接电流过大、焊接方法不当引起的。在焊缝接头处，组织过热发生变化后形成的马氏体相的电位比奥氏体相低，容易被选择性溶解，使材料的腐蚀速率提高、点蚀敏感性增强。因此，由于焊接过程引起的材料微观组织的转变，使焊缝对接处成为耐腐蚀性最差的部位。

虽然较高含量的硫酸根离子能够抑制点蚀的形成，但是会加速稳态点蚀的生长。同时，酸性环境的存在，也能够加速金属的溶解，使焊缝对接处在短期内发生穿透。

6.4 结论与建议

① 胺液净化再生装置管路系统的泄漏是由焊缝处的凹坑腐蚀穿透引起的，介质中 Cl^- 的存在为坑蚀的产生提供了条件，酸性环境中较高浓度的硫酸根离子加速了蚀坑的生长。

② 穿孔位置位于两个焊接方向的交界处，是由于焊接不当引起的。焊缝处输入温度过高，形成的马氏体组织降低了材料的耐腐蚀性。

③ 建议：焊接 304L 管道时，选用 H308L 焊丝，采用氩气保护的钨极氩弧焊，其中氩气浓度要达到 99.9%以上。焊接过程中，前道焊缝充分冷却至低于60℃后再进行下一道焊接。严格控制焊接线能量，避免焊接线能量过大。焊缝尽可能一次焊完，少中断，少接头，收弧要衰减。焊接完后对弯头进行酸洗钝化处理。适当去除介质中的氯离子。选材时做材料的耐腐蚀性试验。

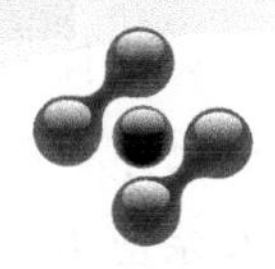

第7章

废热锅炉腐蚀失效分析案例

本章以水煤气废热锅炉在换热管和管板连接处的失效分析为例，说明失效分析的过程和意义。管壳式换热器广泛应用于化工、石油、医药和核行业。管板和换热管连接处是一个关键部位，它们之间的连接一般采用焊接、胀接或者两者结合的方法。从文献报道和实际使用情况来看，管子和管板连接处的腐蚀是引起换热器失效的主要原因。因此，常采用奥氏体不锈钢管子预防腐蚀的发生。然而，在特定的介质和一定的拉应力下，奥氏体不锈钢会发生应力腐蚀开裂。拉应力来源于操作压力、热应力或者制造的残余应力。近年来，人们通过失效案例分析，对胀接或焊接残余应力情况进行了大量研究，并认为它们在应力腐蚀中起到了重要作用。一些换热器失效案例中，虽然介质中氯离子的浓度非常小，但是奥氏体不锈钢管应力腐蚀还会发生。众多分析认为，应力腐蚀的发生是由氯离子在缝隙中的富集引起的。Hu X[145]发现当介质中氯离子浓度仅有5.8mg/kg时，缝隙处的浓度值可高达2410mg/kg。但管子的应力腐蚀和缝隙腐蚀仍不能避免。目前，对于胀接之后还存在缝隙的原因不清楚，因此，这个问题将在本章中进行重点讨论。

7.1 失效案例介绍

某甲醇厂一台水煤气废热锅炉（以下简称“废锅”）管程的介质是由H_2、CO、CO_2、H_2S、NH_3、H_2O等组成的水煤气，水从锅炉补水口进入废锅壳程，并在其内变成蒸汽后，再由蒸汽出口排出，废热锅炉技术特性见表7-1。壳程的最高工作压力和温度分别为3.4MPa、242℃，管程的最高工作压力和温度分别为6.28 MPa、241℃。管子采用奥氏体不锈钢0Cr18Ni10Ti材料，厂家提供的0Cr18Ni10Ti材料的化学成分见表7-2，管板采用20MnMo材料。换热管和管板管孔的连接方式采用强度焊＋密封胀。

表7-1 废热锅炉技术特性

项目	壳程	管程
设计压力/MPa	3.6	6.75
设计温度/℃	255	260
工作压力(最高/正常)/MPa	3.4/2.5	6.28/6.28
工作温度(进口/出口)/℃	160/225～242	241/232

续表

项目	壳程	管程
介质	过热蒸汽	H_2、CO、CO_2、H_2S、NH_3、H_2O
焊接接头系数	1.0	1.0
容器类别	Ⅲ	
容器内径/mm	ϕ2200	
传热面积/m^2	1957	
容器主体材料	16MnR	
管束换热管规格/mm	ϕ25×2	
换热管材料	0Cr18Ni10Ti	

表 7-2　0Cr18Ni10Ti 化学成分（光谱分析）　　%

元素	Mo	Nb	Mn	Fe	Cu	Cr	Ni	Ti
含量	0.11	0.22	1.09	71.34	0.31	17.67	8.96	0.19
标准值	≤0.08	≤1.00	≤2.00	—	≤0.035	17.0～19.0	9.0～11.0	≥5C

设备在使用两年左右后，发现出口蒸汽中 CO 含量明显增高，判断水煤气出现泄漏。设备停车检修时，并未发现宏观缺陷。但水压试验时，发现管板堆焊层 11 处漏点；后经堵漏处理，漏点反而增加到 20 多处。第二次水压试验时，又出现新的漏点，同时，在管子内壁发现一些黑色附着物，泄漏点位置和管内附着物如图 7-1 所示。

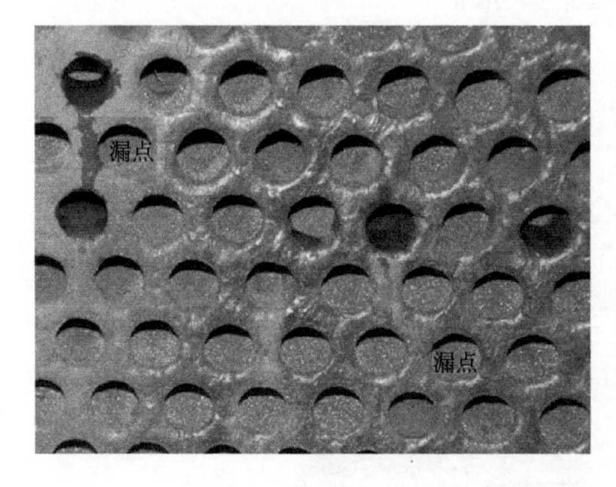

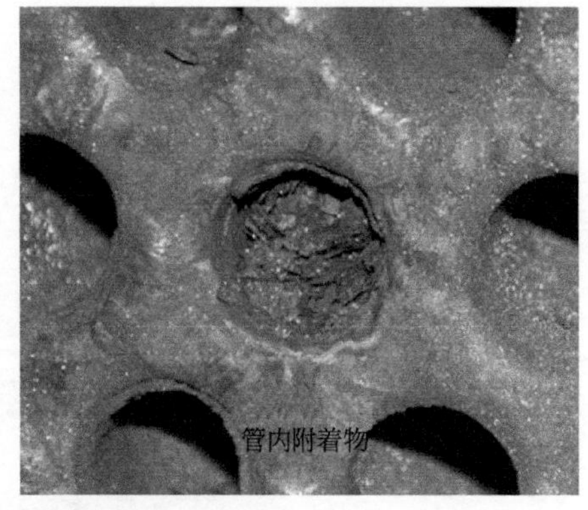

图 7-1　泄漏点位置和管内附着物

7.2 失效分析过程和结果

7.2.1 现场勘查

首先对管板进行着色探伤，未发现裂纹，如图 7-2(a) 所示。其次，对筒体进行了检查，未发现裂纹、腐蚀等现象，如图 7-2(b) 所示。经仔细观察，泄漏水珠是从换热管内流出的，因此，基本可以确定裂纹出现在换热管上。经渗透检测和打磨，开始在管内壁未发现裂纹，但经过渗透和打磨之后，出现树枝状裂纹；随着打磨的进行，裂纹越来越清晰，并且裂纹宽度由管内向外逐渐增加，如图 7-2 (c) 所示。因此，可以初步判断裂纹起源于管外壁，向内部扩展。

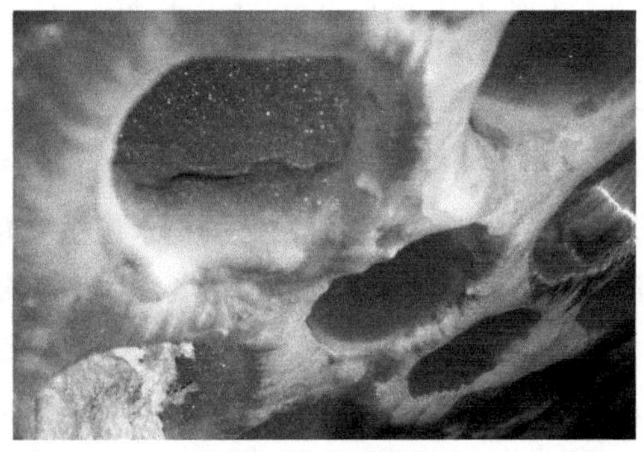

(a) 管板表面着色探伤检查

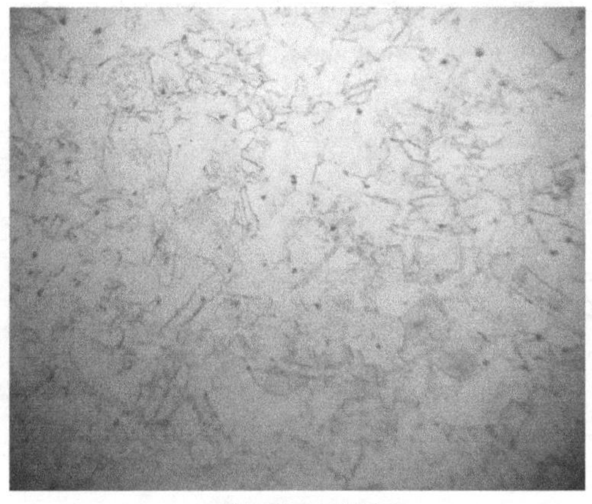

(b) 筒体壁面金相检查

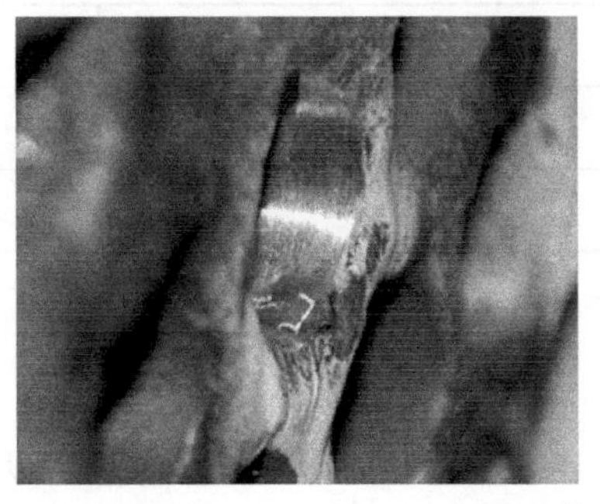
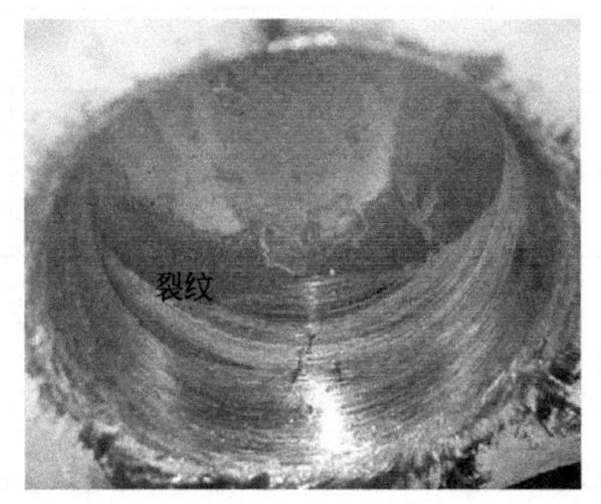

(c) 管内裂纹

图 7-2　现场勘查

7.2.2　现场取样

分别取含有漏点的一段进气管以及对应的出气管，同时收集了管束内壁附着物，如图 7-3 所示。

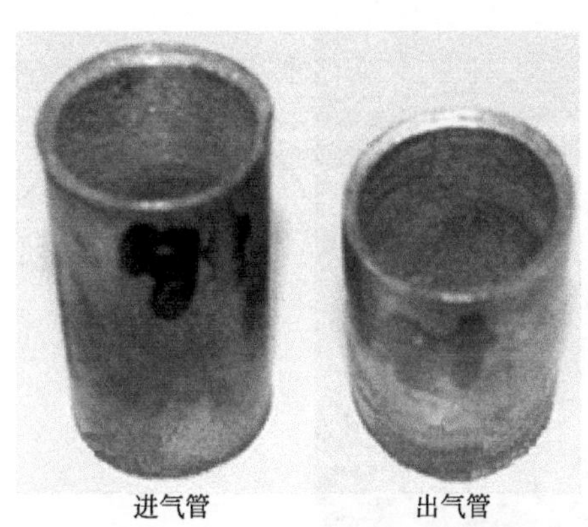

图 7-3　取样管及管内壁附着物

7.2.3　换热管材料分析

采用光谱仪对失效换热管材料化学成分进行了检测分析，表明换热管材料化学成分基本符合 GB 13296—2007《锅炉、热交换器用不锈钢无缝钢管》标准中对 0Cr18Ni10Ti 钢的成分要求，结果见表 7-3。

表 7-3 换热管材料化学成分（质量分数） %

元素	C	Si	Mn	Cr	Ni	Ti
含量	0.04	0.48	0.70	17.16	8.85	0.24
标准值	≤0.08	≤1.00	≤2.00	17.0～19.0	9.0～11.0	≥5C

7.2.4 裂纹检查

如图 7-4 所示，把两取样管打磨后，在进气管外壁 1、2 区域内用肉眼可以观察到微小裂纹，同时还发现在较粗裂纹处有一些小凹坑。在取样区 1 取试样 1，观测取样管横截面的裂纹和金相组织；在取样区 2 取试样 2，用以观察取样管表面裂纹、裂纹内腐蚀产物化学成分和金相组织；在取样区 3 取试样 3，用以观测取样管纵截面的裂纹和金相组织。同时，在出气管的取样区 4、5 取试样 4 和试样 5，分别观测横、纵截面裂纹和金相组织。

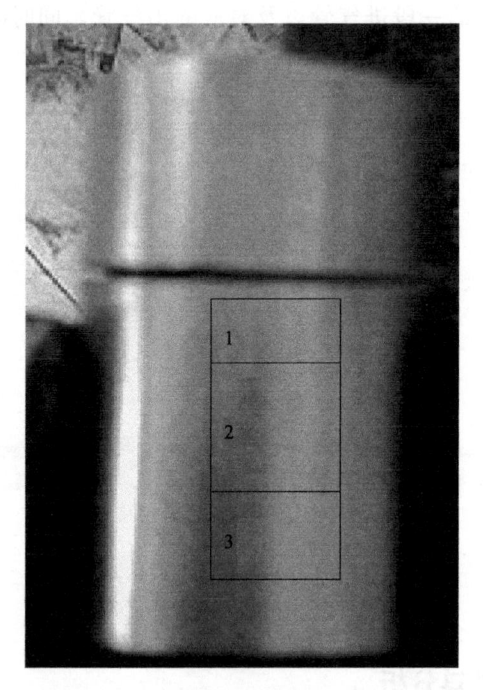

(a) 进气管取样部位

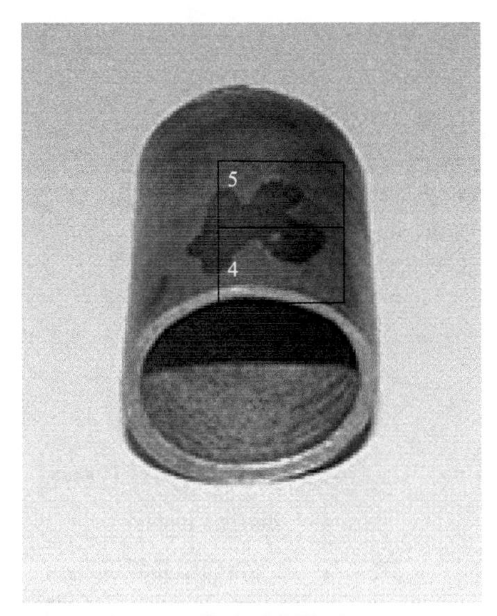

(b) 出气管取样部位

图 7-4　取样部位

试样 1：经过打磨、抛光、王水腐蚀，在试样 1 横截面中发现一条穿透性裂纹及其他细小裂纹。裂纹呈树枝状，分叉较多，沿横截面从管外壁向内发展，具有典型不锈钢应力腐蚀形貌，如图 7-5 所示。组织为单相奥氏体，有孪晶分布，晶粒均匀，符合 0Cr18Ni10Ti 钢固溶处理的组织要求，但观察到一些颗粒较大的夹杂物，如图 7-6 所示。

(a) 穿透性裂纹(放大100倍)

图 7-5

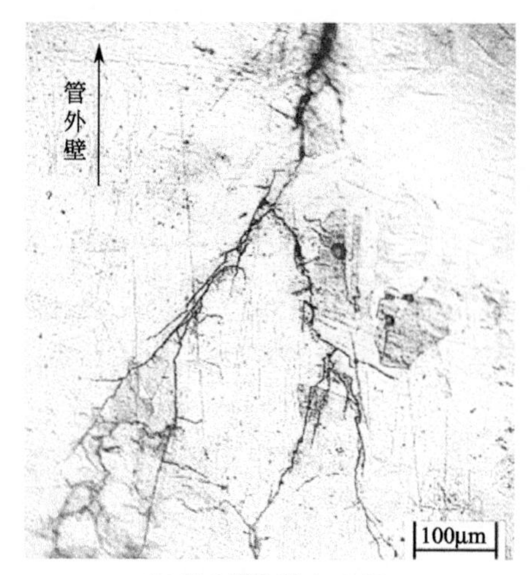

(b) 细小裂纹(放大100倍)

图 7-5 进气管横截面裂纹

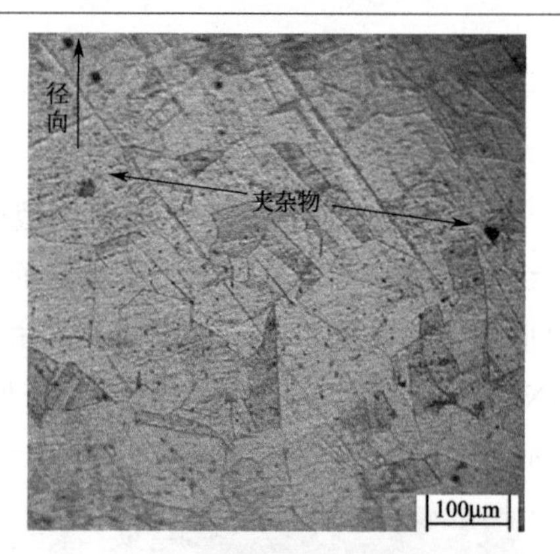

(a) 金相组织(放大100倍)

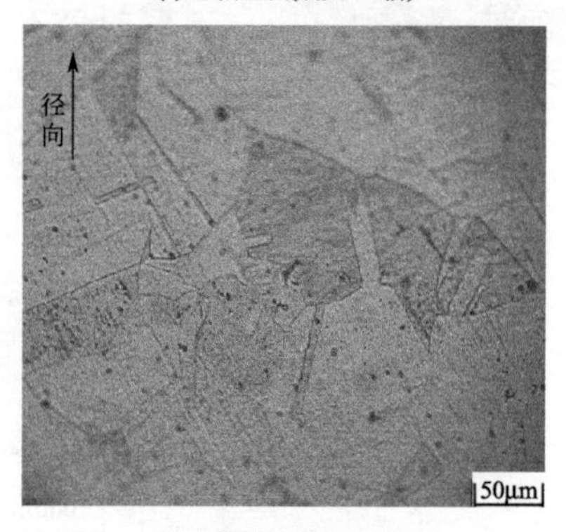

(b) 金相组织(放大200倍)

图 7-6 进气管横截面金相组织

试样 2：显微镜下观察到换热管表面裂纹平行于轴向扩展，有主干和分支之分，为明显的穿晶型裂纹。金相组织为单相奥氏体，有孪晶分布，晶粒较均匀，符合 0Cr18Ni10Ti 钢固溶处理的组织要求。同时，也观察到一些颗粒较大的夹杂物，如图 7-7 所示。

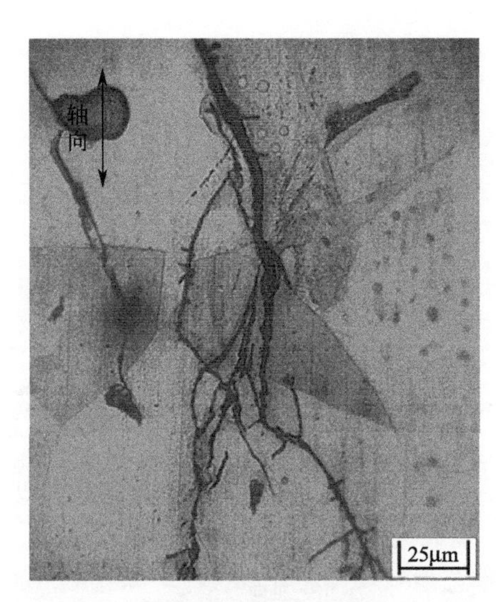

(a) 穿晶裂纹(放大400倍)

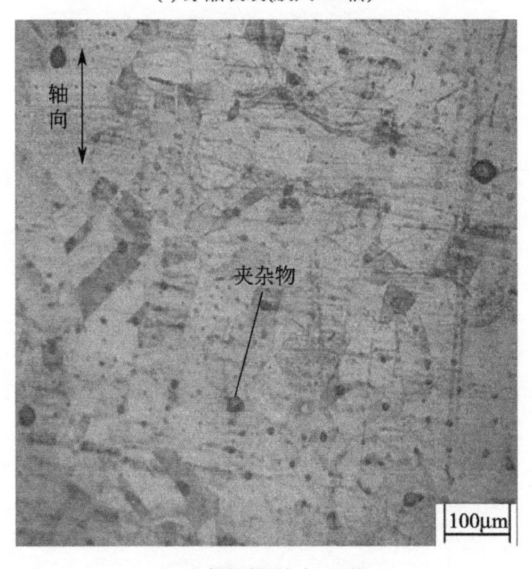

(b) 金相组织(放大100倍)

图 7-7　试样 2 裂纹及金相组织

试样 3～5：显微镜下，试样 3（进气管纵截面）以及试样 4、5（出气管纵、横截面）均未发现裂纹。金相组织为单相奥氏体，有孪晶分布，晶粒较均匀，符合 0Cr18Ni10Ti 钢固溶处理的组织要求，如图 7-8 和图 7-9。在试样 3 显微组织中发现有 TiN 夹杂物，但量很少，属正常现象。

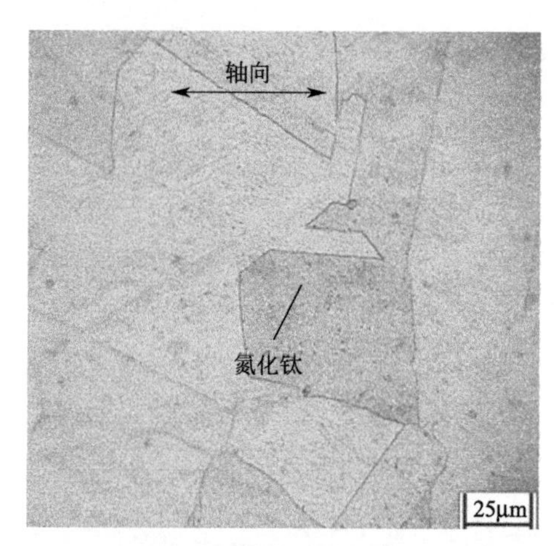

(a) TiN夹杂物(放大400倍)

(b) 金相组织(放大100倍)

图 7-8　进气管纵截面金相组织

(a) 金相组织(放大200倍)

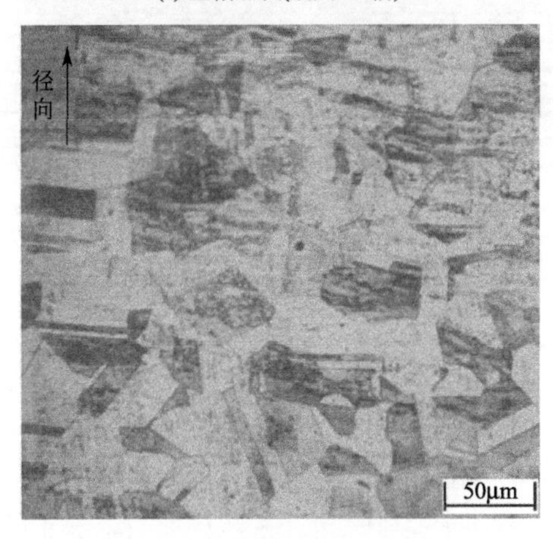

(b) 金相组织(放大100倍)

图 7-9　出气管纵、横截面金相组织

7.2.5　裂纹缝隙内杂质成分分析

为了分析裂纹缝隙内腐蚀产物的化学成分，取试样 2 外壁裂纹区域进行了电子探针检测。扫描区域的显微形貌见图 7-10(a)，裂纹有主次之分，并平行于轴向发展。扫描波谱结果见图 7-10(b)，表 7-4 列出了裂纹内腐蚀产物部分成分的半定量分析结果。在检测中发现，腐蚀产物的主要金属成分为 Fe 和 Cr，非金属元素为 Cl、S 和 O，在波谱图上能看到明显的 Cl 峰和 S 峰，说明该废锅的运行环境中壳程介质含有的 Cl、S 可能是介质中的也可能是材质本身的。

(a) 进气管外壁裂纹形貌

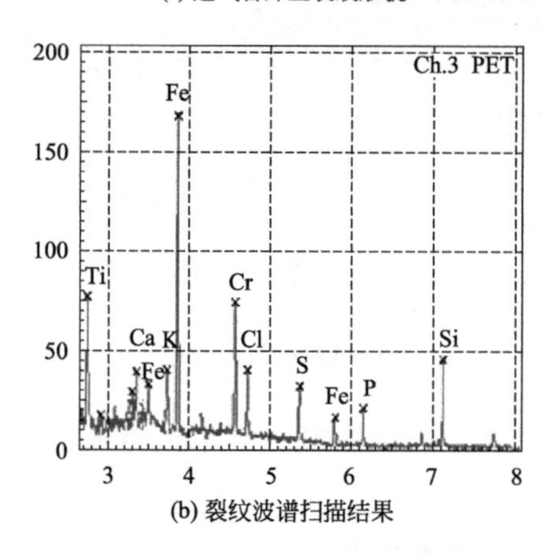

(b) 裂纹波谱扫描结果

图 7-10 电子探针扫描结果

表 7-4 裂纹缝隙内腐蚀产物部分成分

元素	Fe	Cr	Ni	S	Cl	Ca	O	P
质量分数/%	58.503	22.527	7.179	0.247	0.227	0.104	4.780	0.238

7.2.6 管壁附着物的化学成分分析

为了确定换热管内壁黑色附着物的成分，在附着物较厚处取下一些样品。为全面分析附着物的化学成分，采用电感耦合等离子体-发射光谱法检测金属元素、元素分析法检测 C 和 S 元素、离子色谱法检测 Cl 元素。检测结果显示，主要金属元素是 Fe，质量分数为 30%，另外还有少量的 Ni、As、Al 等；非金属 S 元素的含量非常高，达到 34%，当 S 元素以湿 H_2S 存在时，也会引起奥氏体不锈钢应力腐蚀。

7.2.7 废热锅炉进出水水质分析

为了分析废热锅炉管束失效的原因，需对其所使用水的水质和操作情况进行调查。根据公司检测中心的分析结果，废热锅炉进水中 Cl^- 含量是 4.08mg/kg，排污水中的 Cl^- 含量未进行检测；水煤气冷凝液中 Cl^- 含量为 14.53mg/kg，见表 7-5。废热锅炉连排水、间排水以及水煤气出口冷凝水样检测分析结果见表 7-6。从检验结果来看，取样水中的 Cl 元素含量较少，说明在生产中锅炉用水软化处理的质量较高。

表 7-5　水质综合分析报告（部分）

样品名称	取样时间	pH 值	电导率 /(μS/cm)	PO_4^{3-} /(mg/L)	硬度 /(mmol/L)	Cl^- /(mg/kg)
V2001 甲醇第一水分离器	10:40	9.07				31.20
V2004 冷凝液储槽	10:40	7.83				14.53
V2005 除氧器	9:00	9.36	23.0	未检出	0.00	4.08

表 7-6　E2001A 水样分析报告　　mg/L

样品	检验项目	检验结果
间排水	氯离子	0.1
	硫化物	<0.01
水煤气冷凝液	氯离子	<0.02
	硫化物	0.10
连排水	氯离子	0.60
	硫化物	<0.01

通过以上综合分析可以判断，管子的裂纹是由应力腐蚀引起的。管子胀接后会产生残余应力，管板和管子焊接后也会产生残余应力。很多文献已经证明胀接和焊接残余应力的存在。在设备检修时，换热管贴胀部位的管子在去除强度焊焊

缝后很容易从管板中取出，说明管子与管板之间存在微小的缝隙。介质中微量的氯离子可以在缝隙内浓缩，使其浓度升高。

7.3 最小胀紧压力计算

管子和管板之间贴胀是否紧密主要取决于胀接压力的大小。贴胀压力过小，换热管和管板孔间会存在缝隙；胀接压力过大，管板和管子之间产生较大的接触应力，使管外壁因受管板孔的挤压而产生额外的应力。因此，有必要对贴胀的最小压力进行讨论。下面通过理论计算和有限元数值模拟来分析本失效案例中所需的最小贴胀压力。

7.3.1 换热管力学性能测试

为获得准确的换热管材料特性，特从废热锅炉制造厂家获取管材，采用万能拉伸试验设备进行材料的拉伸试验。材料试样的制造及拉伸试验过程按照 GB/T 228.1—2010《金属材料 拉伸试验 第 1 部分：室温试验方法》标准进行试验。试样图纸以及加工试样如图 7-11 所示，拉伸试验的应力-应变曲线如图 7-12 所示。

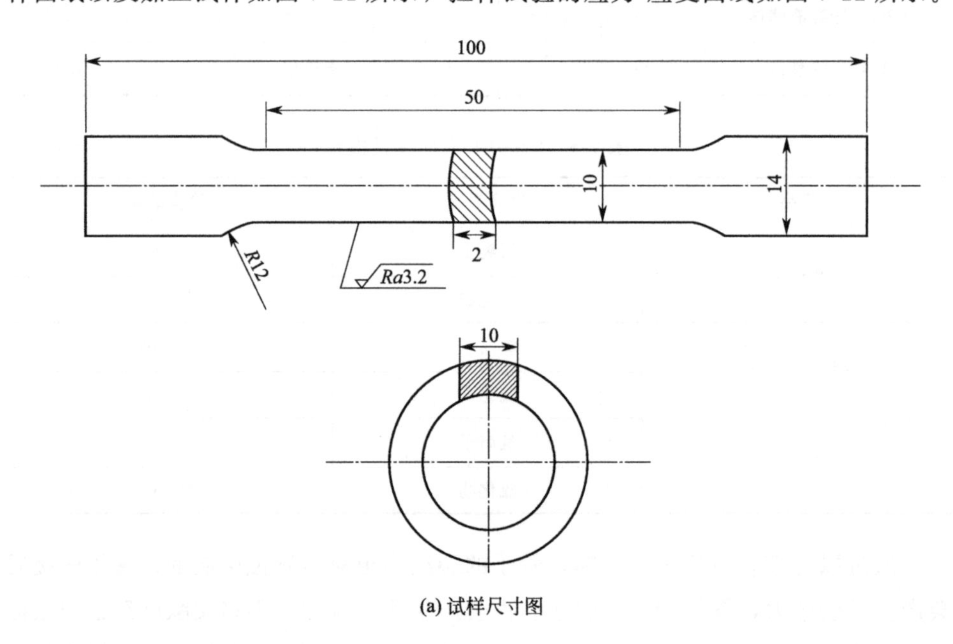

(a) 试样尺寸图

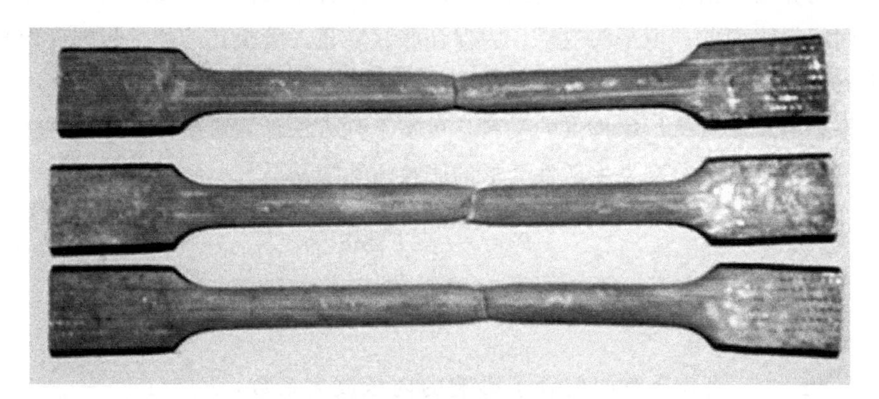

(b) 拉断的试样

图 7-11　拉伸试样

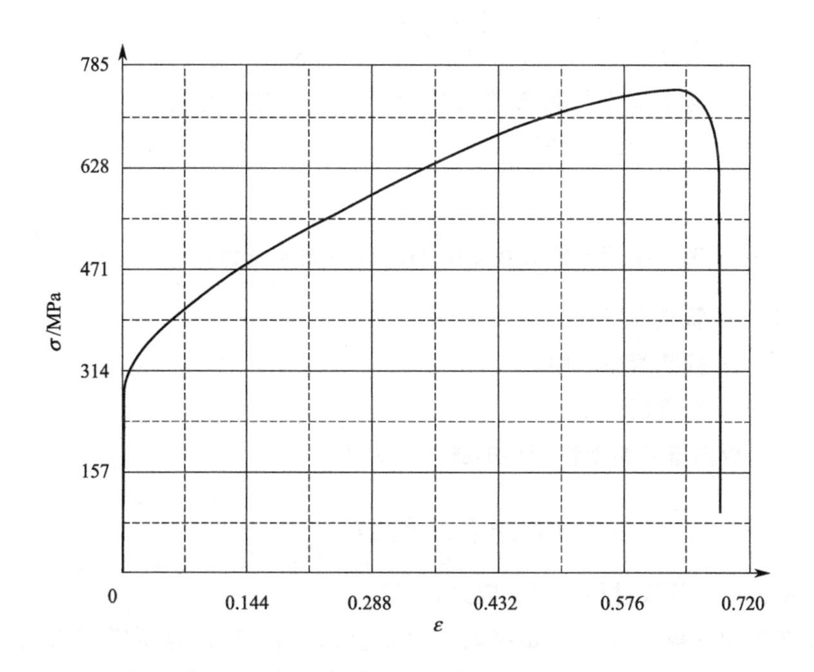

图 7-12　0Cr18Ni10Ti 材料应力-应变曲线

7.3.2　胀接力的理论计算

液压胀接是一种柔性胀接技术，压力均匀地作用于管子内壁，管子的变形在几秒钟内完成。由于管子没有受到反复碾压，这种胀接过程难以达到对管子与管板之间粗糙表面的"填平"效果。为保证胀接质量，管板孔的加工粗糙度应控制在 $Ra6.3\mu m$ 以内。

根据液压胀管机厂家提供的资料，可按下列方法计算胀接力：

(1) 换热管外径刚发生塑性变形的胀接压力 P_o。

$$P_o=\frac{2R_{eLt}}{\sqrt{3}}F_t\ln k \tag{7-1}$$

式中 R_{eLt}——换热管材料的屈服应力，MPa；

F_t——考虑胀管两侧管子影响的内压放大系数，$F_t=1+\frac{d_i\sqrt{k-1}}{2l}$，$l$ 为胀管区长度；k 是换热管的外内径之比，$k=\frac{d_o}{d_i}$。

(2) 使换热管和管板开始产生残余应力的最小胀接力 P_{min}

$$P_{min}=\frac{R_{eLt}}{\sqrt{3}}\times F_p\times\frac{K_1^2k^2-1}{K_1^2} \tag{7-2}$$

式中 K_1——考虑周围管板影响后的内压径比，对于管孔正三角形排列，$K_1=\frac{3.5H-2.5D}{D}$；

F_p——考虑胀管两侧管板影响的内压力放大系数，$F_p=1+\frac{D\sqrt{K_1-1}}{2l}$；

D——管板孔径；

H——换热管中心距；

l——胀管区长度。

(3) 管板内壁开始塑性变形的胀接压力 P_{max}

$$P_{max}=P_o+R_{eLp}F_p\frac{K_1^2-1}{K_1^2+1} \tag{7-3}$$

式中 R_{eLp}——管板材料的屈服应力，MPa。

换热管和管板之间采用贴胀时，可根据式 (7-2) 计算所需胀接力。从式 (7-2) 可以看出，胀接力与胀接件的尺寸和材料的屈服强度密切相关。

换热管材料 0Cr18Ni10Ti 的保证屈服强度 $R_{eLt}\geqslant 205$MPa；从厂家提供的"压力容器产品主要受压元件使用材料一览表"中查得，换热管材料 R_{eLt} 的供应值是 240MPa，厂家复验值为 297MPa，本次分析的试验值为 292MPa。

在实际的制造中，管板孔径 D 和换热管的壁厚都允许存在偏差。根据换热器制造相关标准的规定，一级管束管板孔直径是 ϕ25.25mm 时，允许偏差为 0～+0.15。根据 GB/T 17395—2008《无缝钢管尺寸、外形、重量及允许偏差》标准的规定，管子外径偏差分为标准化外径允许偏差四级和非标准化外径允许偏差四级。根据管孔公差，能与管板孔配合的管子公差范围为 D4 级±0.10、ND4 级±0.20 两种。由于管板孔直径和换热管外径和壁厚制造尺寸偏差的存在，会影响换热管和管板孔之间空隙的大小。在不考虑偏差时，换热管和管板孔之间间隙为 Δr=0.125mm；考虑偏差时，即对 D4 级管子和管板孔配合的最大间隙为 Δr_{max}=0.250mm，最小间隙为 Δr_{min}=0.075mm；对 ND4 级管子和管板孔配合的最大间隙为 Δr_{max}=0.300mm，最小间隙为 Δr_{min}=0.025mm。根据 GB/T 17395—2008《无缝钢管尺寸、外形、重量及允许偏差》标准的规定，管子壁厚偏差分为标准化壁厚允许偏差九级（含亚级）和非标准化壁厚允许偏差四级。按换热管强度要求，可供选择的换热管壁厚偏差有：S3A 级±0.20、S4A 级±0.15、S5 级±0.10、NS1 级−0.25～+0.30、NS2 级+0.30～−0.20、NS3 级+0.25～−0.20、NS4 级−0.15～+0.25。表 7-7 列出了两种公差配合下，NS3 级−0.20～+0.25 的壁厚偏差下，根据式（7-2）计算出的胀接力 P_{min} 的数值。

表 7-7　胀接力 P_{min} 的计算结果

间隙值/mm	壁厚偏差	管外内径比	R_{eLt}/MPa			
			205	240	297	292
0.300	+0.25	1.19518	143	167	206	203
	−0.20	1.169811	135	158	196	193
0.250	+0.25	1.20000	144	167	209	205
	−0.20	1.17453	136.7	160	198	194.7
0.125	0	1.20238	142	166	206	202
0.075	+0.25	1.20964	148	173	214.5	211
	−0.20	1.18396	140	164	203	200
0.025	+0.25	1.21446	149	175	217	213
	−0.2	1.18868	142	166	205.5	202

从表 7-7 来看，Δr=0.125mm 时，R_{eLt}=205MPa 计算出的胀接力为 142MPa，R_{eLt}=292MPa 时的胀接力为 202MPa，两者差距较大。在胀接件的尺

寸确定的条件下，胀接力 P_{min} 随屈服强度的增加而增大；在同一屈服强度下，胀接力随着管板之间空隙的减小而增大，这显然是与实际情况不符的。这说明式（7-2）没有考虑胀接件的尺寸偏差，因此在使用式（7-2）时不能把尺寸偏差带入其中。

不考虑尺寸偏差，管板的 R_{ep}＝370MPa 时，换热管不同屈服强度下根据式（7-3）计算出的最大胀接力 P_{max} 见表 7-8。

表 7-8　胀接力 P_{max} 的计算结果　　MPa

R_{eLt}	205	240	297	292
P_{max}	263	272	283.8	282.8

贴胀时，胀接力取 P_{min}，但是 P_{min} 是使换热管和管板开始产生残余应力的最小胀接力，在实际胀接中胀接力的取值要大于 P_{min}；对密封要求高的强度胀接，胀接力取最大值 P_{max}。

胀接件的加工尺寸偏差除了影响胀接力的大小，还直接影响液袋式液压胀管成本。在超高压的胀接压力作用下，管子向外膨胀，间隙越大，管子的形变越大，因而液袋胀头与管子内壁之间的间隙将随着尺寸偏差加大而增大。液袋在超高压作用下，具有向间隙中流动的趋势，使液袋受到损伤。在同样的胀接压力下，胀头头部的尺寸与管子变形后的间隙越大，液袋越易损坏，这种损伤随着间隙的增大成几何级数加剧。

7.3.3　胀接压力有限元分析

为了解在多大的胀接力下换热管和管板能有效贴合，现对换热管-管板焊胀连接处进行有限元分析。根据胀管和管板的实际尺寸建立模型图，施加不同的胀接力，观察胀接效果。在分析时，考虑 7.3.2 节分析的制造尺寸偏差情况和材料的力学性能对胀接力的影响。

（1）基本参数

换热管的规格为 ϕ25mm×2mm，换热管在管板上以等边三角形的形状排列，孔中心距为 32mm ，管板孔径为 25.25mm＋0.15mm。换热管和管板的连接方式采用强度焊＋液压胀，胀接力为 142MPa。管程工作压力为 6.28MPa；换热管的一端伸出堆焊层的长度为 2.5mm，胀接从距离换热管口 17.5mm 处开始，胀接部分共长 268mm，管板与换热管连接的结构图如图 7-13 所示，根据实际结构尺寸简画出的几何图如图 7-14 所示。

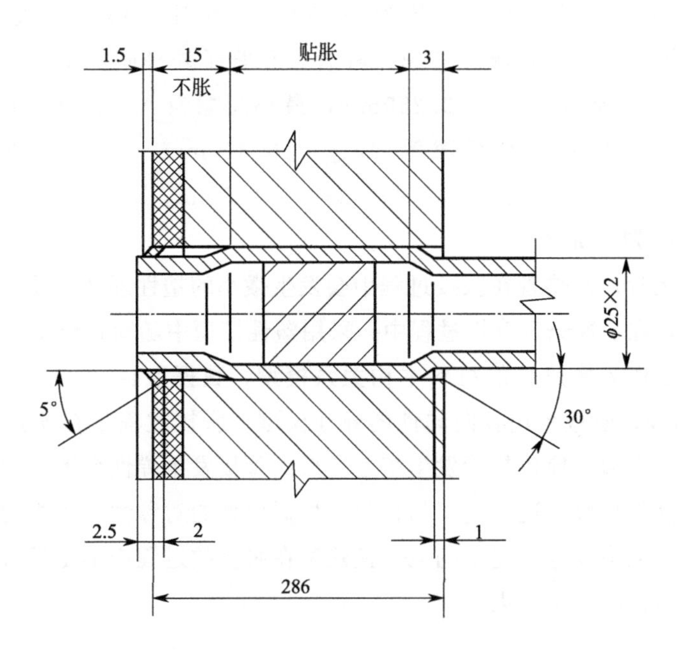

图 7-13　换热管和管板焊接和贴胀图

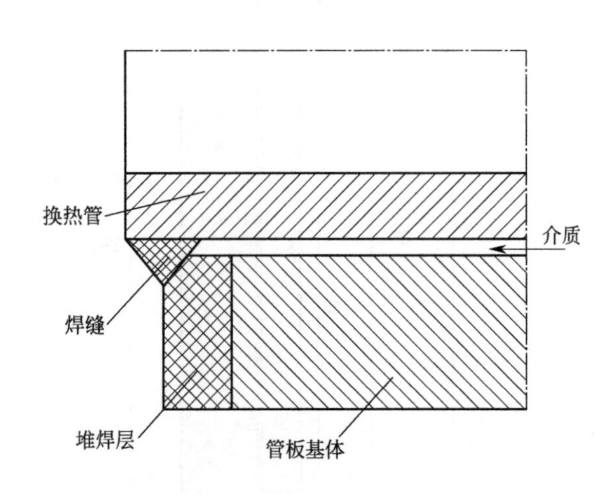

图 7-14　换热管和管板焊接图

（2）有限元模型

总体坐标采用柱坐标系，以换热管轴线为 Z 轴，径向为 R，建立二维模型。管板和换热管均采用轴对称 plane182 单元，TARGE169 目标面单元和 CONTA172 接触面单元建立换热管与管板间的柔性面-面接触对，网格采用四面体网格，整个模型的单元总数为 10650 个。在建立模型的过程中，根据 7.3.2 节分析的间隙值情况，考虑四种管孔与管子外径间隙值：对管子 D4 级 ±0.10，最大间隙为 $\Delta r_{max}=0.250$mm，最小间隙为 $\Delta r_{min}=0.075$mm；对管子 ND4 级 ±0.20，最大间隙为 $\Delta r_{max}=0.300$mm，最小间隙为 $\Delta r_{min}=0.025$mm；不考虑制造尺寸偏差时的 $\Delta r=0.125$mm。不考虑尺寸偏差时的模型图和网格的划分如图 7-15。

采用贴胀时，换热管在胀接过程中会发生微小的塑性形变，管板只产生弹性形变。因此，在 ANSYS 分析过程中，采用塑性模型中随动强化 Mises 率不相关的多线性模型作为换热管的材料本构关系模型，数据取自 0Cr18Ni10Ti 钢实测应力-应变曲线；管板采用各向同性的弹性模型。胀接过程是在换热管的内表面施加不同的压力值，使传热管发生塑性变形而管板发生弹性变形，卸掉载荷后管板紧紧地压紧传热管，达到连接的目的。根据模型的对称性，管板的表面是固定不动的，在模型中设置为完全约束。换热管在胀接的过程中轴是没有位移的，所以在传热管的轴向设定约束。

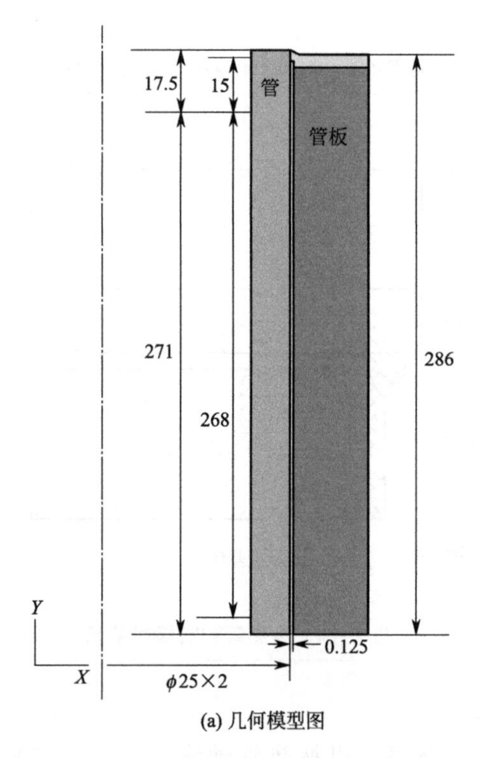

(a) 几何模型图

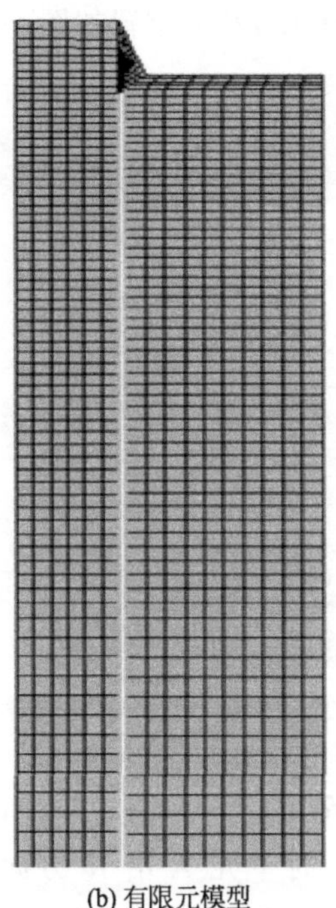

(b) 有限元模型

图 7-15　有限元模型图

（3）胀接过程模拟

通过载荷增量法将胀接压力施加到管子内表面施胀部位的单元上，并分三个阶段模拟胀接过程：第一阶段为胀接压力由零增加至规定的压力，即胀接压力加载段；第二阶段为胀接力停留一段时间；第三阶段为胀接压力由规定值减少至零，即胀接压力卸载段。考虑到接触和材料非线性的计算收敛速度和计算精度，每个阶段划分为几个载荷步，每个载荷步中增加若干个子载荷步。为提高求解过程的收敛速度。使用完全的 Newton-Raphson 迭代，以保证每次平衡迭代使用正切刚度矩阵，使用线性搜索使计算稳定化。整个胀接过程所用时间为 2～3s。

（4）模拟结果及分析

有限元模拟时，分别考虑制造尺寸偏差和材料力学性能的影响。首先，在 R_{eLt}＝292MPa 时，计算间隙为 0.125mm、0.325mm 和 0.05mm 时所需的贴合胀接力；其次，分析 R_{eLt} 为 292MPa 和 205MPa 时的胀接力。

① R_{eLt}＝292MPa 时。

a. 无制造尺寸偏差、间隙 Δr＝0.125mm 时，换热管的规格为 ϕ25mm×2mm，管板孔径为 25.25mm，模型如图 7-15 所示。分析时，选取胀管中间位置换热管外壁的单元 A 进行有限元分析，位置如图 7-16。

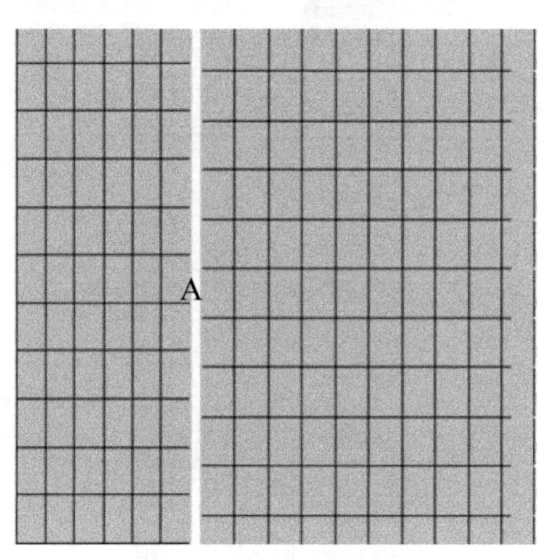

图 7-16　单元 A 的位置

分别施加 100MPa、142MPa、180MPa、210MPa、240MPa 等的胀接力，经过多次计算发现，在 230MPa 时单元 A 沿 R 方向的绝对位移量 u=0.125005，如图 7-17 所示。表明此时换热管和管板能有效贴合。

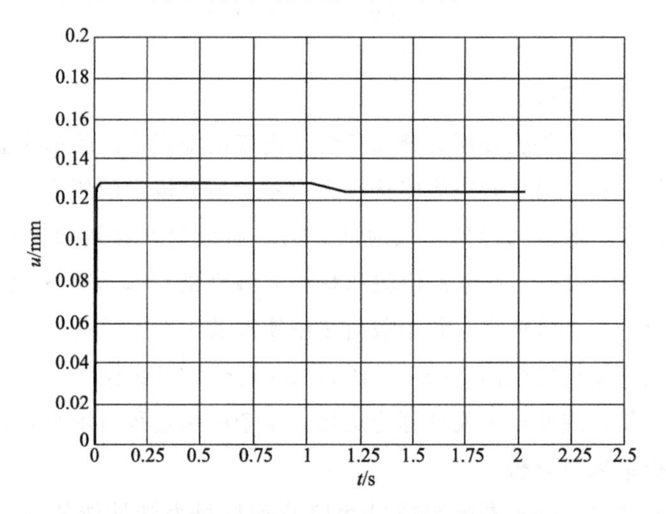

图 7-17　单元 A 在 R 方向的位移

b. 考虑制造尺寸偏差、间隙 Δr_{max}=0.325mm 时，当考虑管板的上偏差+0.15 和换热管下偏差−0.25 时，最大间隙为 0.325mm，换热管壁厚 1.75mm，模型如图 7-18。分析方法同 Δr=0.125mm 时的分析方法，经过多个胀接力的计算，在 240MPa 时单元 A 沿 R 方向的绝对位移量 u=0.325002，如图 7-19 所示。

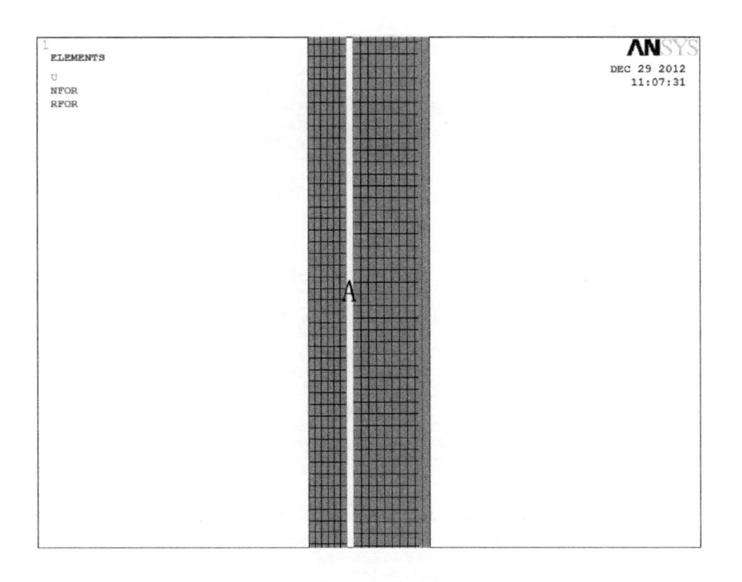

图 7-18　Δr_{max} = 0.325mm 的模型

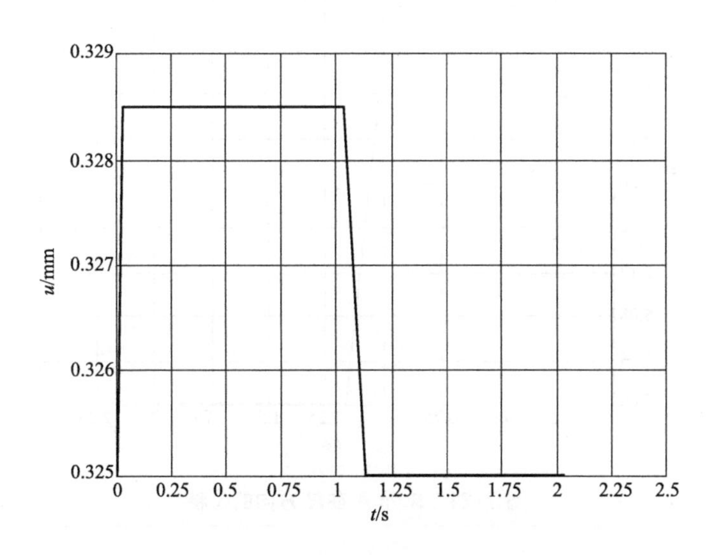

图 7-19　单元 A 在 R 方向的位移

c. 考虑制造尺寸偏差，间隙 Δr_{min} = 0.05mm 时，当考虑管板的上偏差 +0.15 和换热管最大上偏差 +0.25 时，最小间隙为 0.05mm，换热管壁厚为 2.125mm，模型如图 7-20 所示。经过多个胀接力的计算，在 195MPa 时，单元 A 沿 R 方向的绝对位移量 u = 0.05001，如图 7-21 所示。

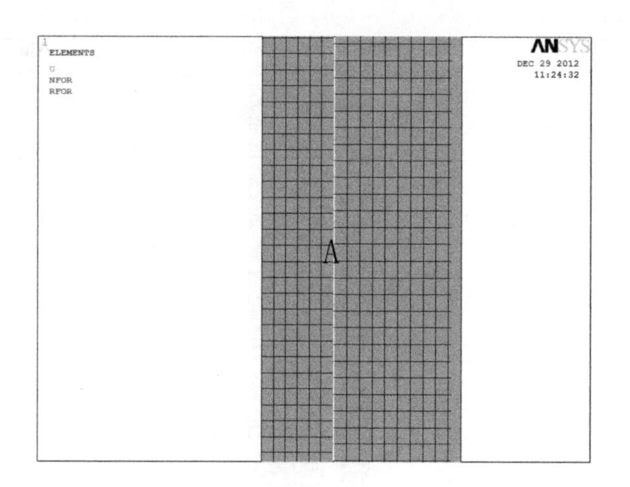

图 7-20　Δr_{min} = 0.05mm 的模型

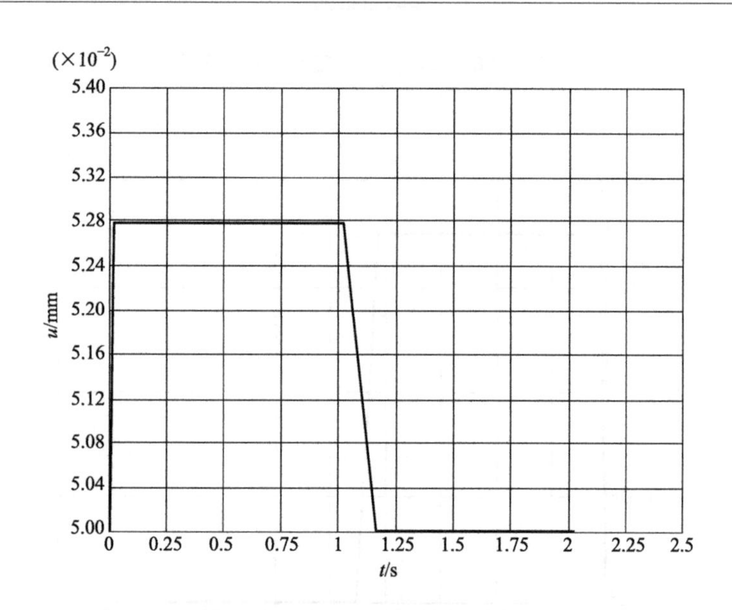

图 7-21　单元 A 在 R 方向的位移

从模拟结果看出，间隙越大，需要的胀接力越大，0.05～0.325mm 的间隙在 142MPa 的胀接力下不能保证换热管和管板之间紧密贴合。

② 为了解材料力学性能对胀接力的影响，在相同的间隙 Δr = 0.125mm 的情况下取 R_{eLt} = 205MPa 和 R_{eLt} = 292MPa，对胀接力进行分析。R_{eLt} = 292MPa 的胀接力为 230MPa，下面对 R_{eLt} = 205MPa 的胀接力进行分析，模型图如图 7-22 所示。分析方法同上，结果表明胀接力在 180MPa 时，单元 A 沿 R 方向的绝

对位移量 $u=0.125002$，换热管和管板能有效贴合，结果见图 7-23。

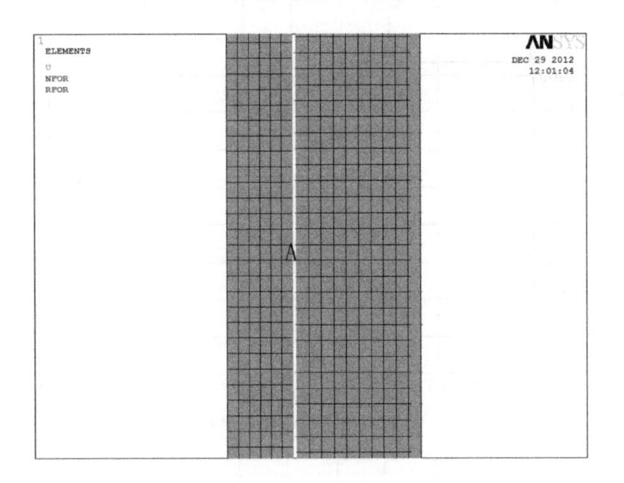

图 7-22　模型图

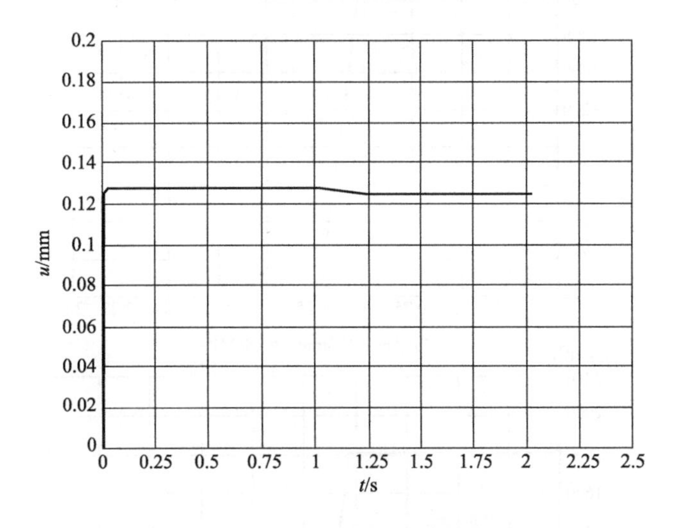

图 7-23　单元 A 在 R 方向的位移

结果表明，换热管屈服强度大时所需的胀接力也大。模拟的结果与式（7-2）计算结果比较：不考虑偏差时大约相等；间隙大时，模拟结果比计算结果大；间隙小时，模拟结果比计算值小。

（5）换热管胀接后残余应力

经过胀接后换热管发生微小的塑性形变，管壁各处会存在残余胀接应力，在管外壁取一单元分析其等效残余应力情况，不同情况下等效残余应力随时间的变化结果如图 7-24 所示。

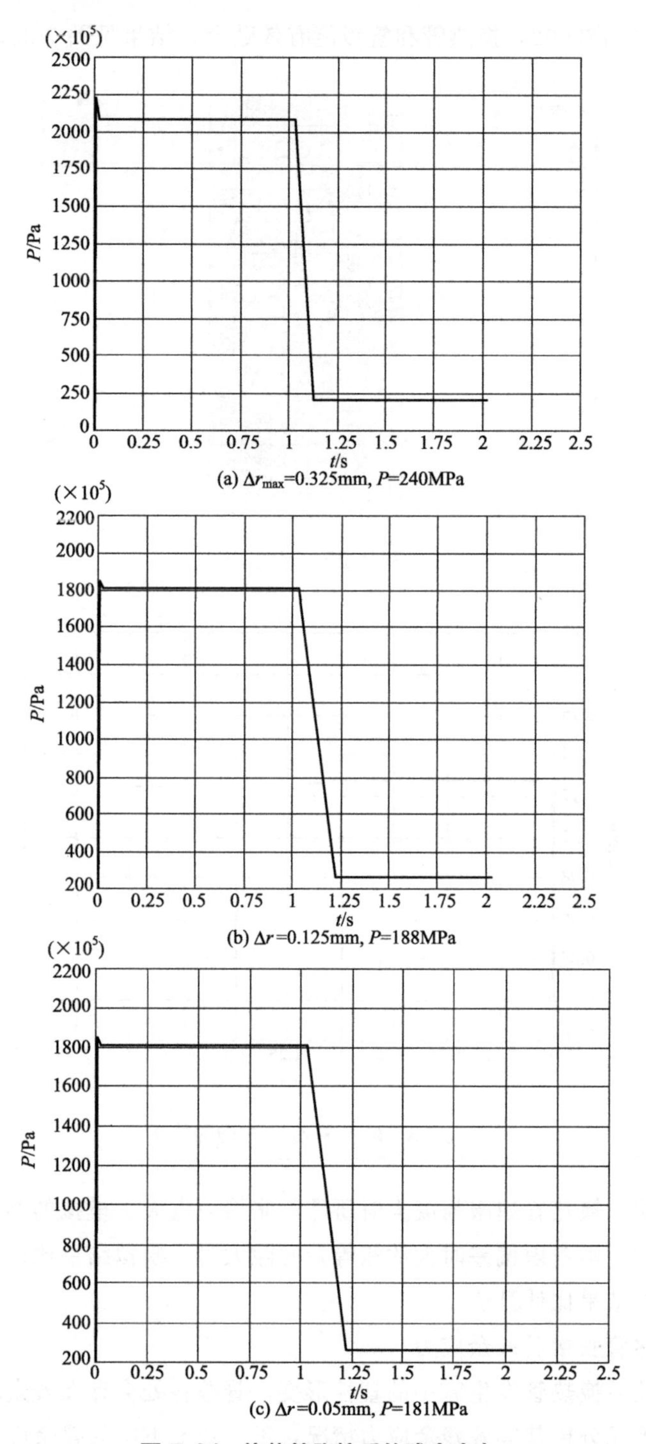

(a) Δr_{max}=0.325mm, P=240MPa

(b) Δr=0.125mm, P=188MPa

(c) Δr=0.05mm, P=181MPa

图 7-24 换热管胀接后的残余应力

分析发现，换热管外壁的等效残余应力处在 20～40MPa 之间。

7.4 分析结果讨论

管子的应力腐蚀由拉应力和腐蚀介质共同引起。裂纹起源于管子外表面，并穿透壁面引起泄漏。通过公式计算和有限元分析发现，管子和管板所需的最小胀接压力约为 200MPa。在 142MPa 胀接压力下，管子和管板之间贴合不紧密，存在缝隙。一旦换热管与换热管孔之间出现间隙，就为氯离子的富集创造了条件。

首先，携带微量氯离子的高温锅炉水进入缝隙，水在缝隙内变成蒸汽后排出。由于缝隙内流体缓慢，进入缝隙内的氯离子因扩散系数变小而不易排出，特别是在近壁面，氯离子扩散系数很小，氯离子将在壁面沉积，如图 7-25 所示。

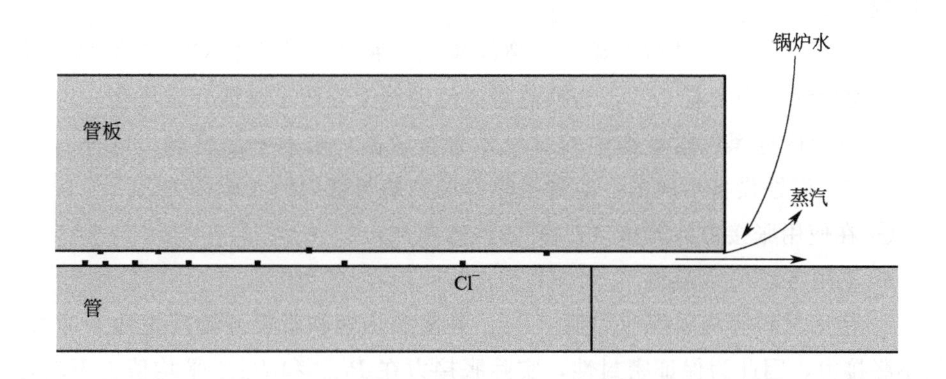

图 7-25　氯离子在缝隙内的富集

其次，狭长的缝隙容易造成缝隙腐蚀，缝隙内阳极反应是金属的溶解反应 $M \longrightarrow M^+ + e$，阴极的还原反应是 $O_2 + 2H_2O + 4e \longrightarrow 4OH^-$，缝隙内溶液中的 O_2 逐渐消耗，且不能及时补充，使阴极反应逐渐终止。缝隙内的阳极反应主要依靠缝隙外表的阴极反应来平衡，形成“大阴极”和“小阳极”。为了保持电荷平衡，氯离子向缝隙内迁移。随着迁移的进行，缝隙内氯离子浓度逐渐升高，越接近缝隙底部浓度越高。缝隙内氯离子浓度增加的同时，会使溶液的 pH 值降低，增加了不锈钢换热管应力腐蚀开裂的风险。

在高温环境中，少量的氯离子就能引起奥氏体不锈钢应力腐蚀。试验表明，温度在94～268℃时，Cl^-浓度大于11mg/kg时，应力腐蚀敏感性为高度[146]。

7.5 分析结论

① 通过对换热管的化学成分分析，说明材料是0Cr18Ni10Ti，满足GB/T 13296—2007《锅炉、热交换器用不锈钢无缝钢管》标准规定要求，Ni成分稍偏低，可能会降低耐蚀性能，但该换热管表面没有发生均匀腐蚀，而只是个别区域出现了裂纹，说明Ni成分偏低和裂纹没有直接关系。

② 通过电子探针和显微镜对裂纹的观察，可看出裂纹源存在于换热管的外表面（点蚀），并平行于轴向和管径向发展；裂纹的一个（或多个）分支在沿径向发展时遇到材料基体中的缺陷，加剧了腐蚀的程度，继续向前发展成为穿透性裂纹，引起管内介质泄漏。两种观测方法的结果都显示，裂纹具有典型的应力腐蚀形貌。

③ 电子探针的扫描结果显示，裂纹缝隙的腐蚀产物中含Cl、S和O元素，表明壳程废锅水中含有Cl^-，为换热管的应力腐蚀创造了腐蚀介质环境。

④ 管束内壁黑色附着物中的S元素含量较高，来源于原料煤；Fe和Ni是水煤气介质腐蚀设备形成的。这种换热管的失效与管内的介质无关。

⑤ 在使用胀接力计算式（7-2）时注意两点：

a. 不用考虑尺寸偏差。

b. 使用材料实测屈服应力值。P_{min}是使换热管和管板开始产生残余应力的最小胀接力，因此为保证密封性，实际胀接力在P_{min}和P_{max}平均值上下较好。根据换热管和管板材料性质确定不准确或尺寸偏差较大的换热器，建议先进行胀接工艺试验，以获得胀接的可靠性。为了降低胀接成本，应选用尺寸精度等级较高的换热管，尽量减小管子和管板之间的间隙。

⑥ 有限元模拟和理论计算结果都显示，142MPa的胀接力不能满足换热管和管板密封要求。

通过以上分析，可以判定设备泄漏的原因是换热管和管板之间存在缝隙，壳程介质中含有Cl^-，Cl^-在缝隙内富集引起换热管应力腐蚀开裂。

7.6 建议

① 应严格控制耐压试验用水和生产用水中 Cl^- 和 S 的含量，定期检测废热锅炉的进水和排污水中 Cl^- 和 S 的含量。

② 尽量减少停车。装置停车时，要排净锅炉水，保证设备处在干燥状态。避免出现干湿交替状态。

③ 设备在进行修复时或制造下一台设备时，适当增加胀接力，保证贴胀质量，消除间隙。

④ 对于新造废热锅炉，建议将现用的 0Cr18Ni10Ti 更换为 2205 型奥氏体-铁素体双相不锈钢。该类型不锈钢比 18-8 型不锈钢有更强的耐少量氯化物应力腐蚀的能力。

⑤ 建议修复方案：对新投用废锅的管子-管板连接处进行补胀；对已泄漏废锅的管子-管板连接处进行钻取管束，然后将管束前移，重新焊胀。

参 考 文 献

[1] 陈钢，左尚志，陶雪荣，等．承压设备的风险评估技术及其在我国的应用和发展趋势［J］．中国安全生产科学技术，2005，1（1）：31-35.

[2] 鹿宁，陈程．2014 年我国不锈钢生产消费分析［J］．冶金经济与管理，2015（3）：18-21.

[3] 宋光雄，张晓庆，常彦衍，等．压力设备腐蚀失效案例统计分析［J］．材料工程，2004，（2）：6-9.

[4] American Petroleum Institute. Risk-based inspection technology［S］．API 581，2008.

[5] 中华人民共和国国家质量监督检验检疫总局．TSG D0001—2009 压力管道安全技术监察规程——工业管道［S］．北京：新华出版社，2009.

[6] 中华人民共和国国家质量监督检验检疫总局．TSG 21—2016 固定式压力容器安全技术监察规程［S］．北京：新华出版社，2016.

[7] 中华人民共和国国家质量监督检验检疫总局．TSG D7003—2010 压力管道定期检验规则-长输（油气）管道［S］．北京：新华出版社，2010.

[8] 中华人民共和国国家质量监督检验检疫总局．GB 150—2011 压力容器［S］．北京：新华出版社，2011.

[9] DATLA S V，JYRKAMA M I，PANDEY M D. Probabilistic modeling of steam generator tube pitting corrosion［J］．Nuclear Engineering & Design，2008，238（7）：1771-1778.

[10] ZHOU B H，ZHAI Z Q. Stochastic process-based modeling method for pitting corrosion of Ni-based alloy 690［J］．Acta Metallurgica Sinica，2011，47（9）：1159-1166.

[11] 张文倩．盐岩地下储库的材料参数概率分布估计及失效概率分析［D］．济南：山东大学，2011：23-24.

[12] 肖田元．系统仿真导论［M］．北京：清华大学出版社，2000.

[13] 刘剑平，朱坤平，陆元鸿．应用数理统计［M］．上海：华东理工大学出版社，2012.

[14] 周荫清．概率、随机变量与随机过程［M］．北京：北京航空航天大学出版社，1989.

[15] 张云凤．基于随机过程的磨损可靠性预测及若干问题研究［D］．沈阳：东北大学，2010：54.

[16] BARLOW R E. Mathematical theory of reliability：a historical perspective［J］．IEEE Transactions on Reliability，1984，33（1）：16-20.

[17] 中华人民共和国住房和城乡建设部．GB 50153—2008 工程结构可靠度设计统一标准［S］．北京：中国计划出版社，2009.

[18] 姚卫星．结构疲劳寿命分析［M］．北京：国防工业出版社，2003.

[19] HARLOW D G，WEI R P. Probability modeling and material microstructure applied to corrosion and fatigue of aluminum and steel alloys［J］．Engineering Fracture Mechanics，2009，76（5）：695-708.

[20] 周则恭．概率断裂力学在压力容器中的应用［M］．北京：中国石化出版社，1996.

[21] HASOFER A M，LIND N C. Exact and invariant second-moment code format［J］．American Society of Civil Engineers，1974，100：111-121.

[22] FIESSLER B，NEUMANN H，RACKWITZ R. Quadratic limit states in structural reliability［J］．

American Society of Civil Engineers，1979，105 (4)：661-676.

[23] 肖刚．系统可靠性分析中的蒙特卡罗方法 [M]. 科学出版社，2003.

[24] 朱陆陆．蒙特卡洛方法及应用 [D]. 武汉：华中师范大学，2014.

[25] 李岩，方可伟，刘飞华．Cl^- 对 304L 不锈钢从点蚀到应力腐蚀转变行为的影响 [J]. 腐蚀与防护，2012，33 (11)：955-959.

[26] FRANKEL G S. Pitting corrosion of metals-a review of the critical factors [J]. Journal of the Electrochemical Society，1998，145 (6)：2186-2198.

[27] 叶超，杜楠，赵晴，等．不锈钢点蚀行为及研究方法的进展 [J]. 腐蚀与防护，2014，35 (3)：271-276.

[28] SOLTIS J. Passivity breakdown，pit initiation and propagation of pits in metallic materials-Review [J]. Corrosion Science，2015，90：5-22.

[29] HOAR T P，MEARS D C. The relationships between anodic passivity，brightening and pitting [J]. Corrosion Science，1965，5 (4)：279-289.

[30] ZAMALETDINOV I I. Pitting on passive metals [J]. Protection of Metals，2007，43 (5)：470-475.

[31] SATO N. A theory for breakdown of anodic oxide films on metals [J]. Electrochimica. Acta，1971，16：1683-1692.

[32] SATO N，KUDO K，NODA T. The anodic oxide film on iron in neutral solution [J]. Electrochimica. Acta，1971，16：1909-1921.

[33] KOLOTYRKIN Y M. Pitting corrosion of metals [J]. Corrosion，1963，19：261-268.

[34] MARCUS P，MAURICE V，STREHBLOW H H. Localized corrosion (pitting)：a model of passivity breakdown including the role of the oxide layer nanostructure [J]. Corrosion Science，2008，50：2698-2704.

[35] GALVELE J R. Transport processes in passivity breakdown-II. Full hydrolysis of the metal ions [J]. Corrosion Science，1981，21：551-579.

[36] MCCAFFERTY E. Sequence of steps in the pitting of aluminum by chloride ions [J]. Corrosion Science，2003，45：1421-1438.

[37] MUTHUKRISHNAN K，HEBERT K R，MAKINO T. Interfacial void model for corrosion pit initiation on aluminum [J]. Journal of the Electrochemical Society，2004，151 (6)：B340-B346.

[38] MASSOUD T，MAURICE V，KLEIN L H，et al. Nanoscale morphology and atomic structure of passive films on stainless steel [J]. Journal of the Electrochemical Society，2013，160 (6)：C232-C238.

[39] SZKLARSKA Z. Mechanism of pit nucleation by electrical breakdown of the passive film [J]. Corrosion Science，2002，44 (5)：1143-1149.

[40] 翟子青．基于随机过程的蒸汽发生器传热管腐蚀失效寿命分析 [D]. 上海：上海交通大学，2011.

[41] WILLIFORD R E，WINDISCH JR C F，JONES R H. In situ observations of the early stages of localized corrosion in Type 304 SS using the electrochemical atomic force microscope [J]. Materials

Science & Engineering A, 2000, 288 (1): 54-60.

[42] SCHMUKI P, HILDEBRAND H, FRIEDRICH A, et al. The composition of the boundary region of MnS inclusions in stainless steel and its relevance in triggering pitting corrosion [J]. Corrosion Science, 2005, 47 (5): 1239-1250.

[43] VUILLEMIN B, PHILIPPE X, OLTRA R. SVET, AFM and AES study of pitting corrosion initiated on MnS inclusions by microinjection [J]. Corrosion Science, 2004, 45: 1143-1159.

[44] MUTO I, IZUMIYAMA Y, HARA N. Microelectrochemical measurements of dissolution of MnS inclusions and morphological observation of metastable and stable pitting on stainless steel [J]. Journal of the Electrochemical Society, 2007, 154 (8): C439-C444.

[45] MUTO, ITO I, DAIKI, et al. Microelectrochemical investigation on pit initiation at sulfide and oxide inclusions in Type 304 stainless steel [J]. Journal of the Electrochemical Society, 2009, 156 (2): C55-C61.

[46] OLTRA R, VIGNAL V. Recent advances in local probe techniques in corrosion research-analysis of the role of stress on pitting sensitivity [J]. Corrosion Science, 2007, 49 (1): 158-165.

[47] ZHENG S J, WANG Y J, ZHANG B, et al. Identification of $MnCr_2O_4$ nano-octahedron in catalysing pitting corrosion of austenitic stainless steels [J]. Acta Materialia, 2010, 58 (15): 5070-5085.

[48] CHIBA A, MUTO I, SUGAWARA Y, et al. Direct observation of pit initiation process on Type 304 stainless steel [J]. Materials Transactions, 2014, 55 (5): 857-860.

[49] CHIBA A, MUTO I, SUGAWARA Y, et al. Pit initiation mechanism at MnS inclusions in stainless steel: synergistic effect of elemental sulfur and chloride ions [J]. Journal of the Electrochemical Society, 2013, 160 (10): C511-C520.

[50] CHIBA A, MUTO I, SUGAWARA Y, et al. Microelectrochemical investigation of pit initiation and selective dissolution between MnS and stainless steel [J]. ECS Transactions, 2013, 50 (47): 15-23.

[51] 林昌健, 冯祖德. 18/8 型不锈钢在受力形变条件下腐蚀电化学行为的研究 [J]. 电化学, 1995, 1 (4): 439-445.

[52] MARTIN F A, BATAILLON C, COUSTY J. In situ AFM detection of pit onset location on a 304L stainless steel [J]. Corrosion Science, 2008, 50 (1): 84-92.

[53] YUAN W, HUANG F, HU Q, et al. Influences of applied tensile stress on the pitting electrochemical behavior of X80 pipeline steel [J]. Journal of Chinese Society for Corrosion and Protection, 2013, 33 (4): 277-282.

[54] SHIMAHASHI N, MUTO I, SUGAWARA Y, et al. Effects of corrosion and cracking of sulfide inclusions on pit initiation in stainless steel [J]. Journal of the Electrochemical Society, 2014, 161 (10): C494-C500.

[55] SHIMAHASHI N, MUTO I, SUGAWARA Y. Effect of applied stress on dissolution morphology and pit initiation behavior of MnS inclusion in stainless steel [J]. ECS Transactions, 2014, 58 (31): 13-22.

[56] SHIBATA T, TAKEYAMA T. Stochastic theory of pitting corrosion [J]. Corrosion, 1977, 33 (7): 243-251.

[57] SHIBATA T. Stochastic approach to the effect of alloying elements on the pitting resistance of ferritic stainless steels [J]. Isij International, 1983, 23 (9): 785.

[58] SHIBATA T. Statistical and stochastic approaches to localized corrosion [J]. Corrosion, 1996, 52 (11): 813-830.

[59] SHIBATA T. Birth and death stochastic process in pitting corrosion and stress corrosion cracking [J]. ECS Transactions, 2013, 50 (31): 13-20.

[60] MACDONALD D D, LIU C D, STICKFORD G H, et al. Prediction and measurement of pitting damage functions for condensing heat exchangers [J]. Corrosion, 1994, 50 (10): 761-780.

[61] WILLIAMS D E, WESTCOTT C, FLEISCHMANN M. Stochastic models of pitting corrosion of stainless steels: I. modeling of the Initiation and growth of pits at constant potential [J]. Journal of the Electrochemical Society, 1985, 132 (8): 1796-1804.

[62] WILLIAMS D E, WESTCOTT C, FLEISCHMANN M. Stochastic models of pitting corrosion of stainless steels: II. measurements and interpretation of data at constant potential [J]. Journal of the Electrochemical Society, 1985, 132 (8): 1804-1811.

[63] LAYCOCK P J, COTTIS R A, SCARF P A. Extrapolation of extreme pit depths in space and time [J]. Journal of the Electrochemical Society, 1988, 137 (1): 64-69.

[64] LAYCOCK P J, SCARF P A. Exceedances, extremes, extrapolation and order statistics for pits, pitting and other localized corrosion phenomena [J]. Corrosion Science, 1993, 35: 135-145.

[65] BAROUX B. The kinetics of pit generation on stainless steels [J]. Corrosion Science, 1988, 28: 969-986.

[66] WU B, SCULLY J R, HUDSON J L, et al. Cooperative stochastic behavior in localized corrosion: I. model [J]. The Electrochemical Society, 1997, 144: 1614-1620.

[67] HARLOW D G. Constituent particle clustering and pitting corrosion [J]. Metallurgical & Materials Transactions A, 2012, 43 (8): 1-7.

[68] PROVAN, J W, RODRIGUEZ E S. Pent of a Markov description of pitting corrosion [J]. Corrosion, 1989, 45 (3): 178-192.

[69] HONG H P. Application of the stochastic process to pitting corrosion [J]. Corrosion, 1999, 55 (1): 10-16.

[70] VALOR A, CALEYO F, ALFONSO L, et al. Stochastic modeling of pitting corrosion: a new model for initiation and growth of multiple corrosion pits [J]. Corrosion Science, 2007, 49 (2): 559-579.

[71] VALOR A, CALEYO F, ALFONSO L, et al. Markov chain models for the stochastic modeling of pitting corrosion [J]. Mathematical Problems in Engineering, 2013, 20 (16): 1962-1965.

[72] TURNBULL A, MCCARTNEYL N, ZHOU S. A model to predict the evolution of pitting corrosion and the pit-to-crack transition incorporating statistically distributed input parameters [J]. Corrosion

Science, 2006, 48 (8): 2084-2105.

[73] CALEYO F, VELÁZQUEZ J C, VALOR A, et al. Probability distribution of pitting corrosion depth and rate in underground pipelines: a Monte Carlo study [J]. Corrosion Science, 2009, 51 (9): 1925-1934.

[74] DATLA S V, JYRKAMA M I, PANDEY M D. Probabilistic modeling of steam generator tube pitting corrosion [J]. Nuclear Engineering & Design, 2008, 238 (7): 1771-1778.

[75] ZHOU B H, ZHAI Z Q. Failure probabilistic analysis of steam generator heat-transfer tubing with pitting corrosion [J]. Engineering Failure Analysis, 2011, 18 (5): 1333-1340.

[76] SHEKARI E, KHAN F, AHMED S. A predictive approach to fitness-for-service assessment of pitting corrosion [J]. International Journal of Pressure Vessels & Piping, 2015: 1-9.

[77] TANG X, CHENG Y F. Quantitative characterization by micro-electrochemical measurements of the synergism of hydrogen, stress and dissolution on near-neutral pH stress corrosion cracking of pipelines [J]. Corrosion Science, 2011, 53: 2927-2933.

[78] ESLAMI A, FANG B, KANIA R, et al. Stress corrosion cracking initiation under the disbanded coating of pipeline steel in near-neutral pH environment [J]. Corrosion Science, 2010, 52 (11): 3750-3756.

[79] TURNBULL A, ZHOU S. Comparative evaluation of environment induced cracking of conventional and advanced steam turbine blade steels. Part 1: stress corrosion cracking [J]. Corrosion Science, 2010, 52 (9): 2936-2944.

[80] STAEHLE R W, ROYUELA J J, RAREDON T L. Effect of alloy composition on stress corrosion cracking of Fe-Cr-Ni base alloys [J]. Corrosion, 1970, 26 (11): 451-861.

[81] LOUTHAN M R. Initial stages of stress corrosion cracking in austenitic stainless steels [J]. Contusion, 1965, 21 (9): 288-289.

[82] SIERADZKI K, NEWMAN R C. Stress-corrosion cracking [J]. Journal of Physics & Chemistry of Solids, 1987, 48 (87): 1101-1113.

[83] 褚武扬．氢损伤与滞后断裂 [M]. 北京：冶金工业出版社，1988.

[84] 吕国诚，许淳淳，程海东．304不锈钢应力腐蚀的临界氯离子浓度 [J]. 化工进展，2008，27 (8)：1284-1287.

[85] 关矞心，李岩，董超芳．高温水环境下温度对316L不锈钢应力腐蚀开裂的影响 [J]. 北京科技大学学报，2009 (9).

[86] 卢志明．典型压力容器用钢在湿硫化氢环境中的应力腐蚀开裂研究 [D]. 杭州：浙江大学，2003.

[87] XU S G, WANG W Q, LIU H D. The stress corrosion cracking of austenitic stainless steel heat exchange tubes: three cases study [C] // ASME 2010 Pressure Vessels and Piping Division/K-PVP Conference. American Society of Mechanical Engineers, 2010: 335-343.

[88] SUI R J, WANG W Q, LIU Y, et al. Root cause analysis of stress corrosion at tube-to-tubesheet joints of a waste heat boiler [J]. Engineering Failure Analysis, 2014, 45: 398-405.

[89] XU S G, ZHAO Y L. Using FEM to determine the thermo-mechanical stress in tube to tube-sheet

joint for the SCC failure analysis [J]. Engineering Failure Analysis, 2013, 34 (6): 24-34.

[90] CHEN S Y, MAO J J. Deposition of chloride in two-phase flow for the superheater via numerical simulation [J]. Advanced Materials Research, 2011, 354: 236-239.

[91] SRIRAMAN M R, PIDAPARTI R M. Crack initiation life of materials under combined pitting corrosion and cyclic loading [J]. Journal of Materials Engineering & Performance, 2010, 19 (1): 7-12.

[92] KONDO Y. Prediction of fatigue crack initiation life based on pit growth [J]. Corrosion, 1989, 45 (1): 7-11.

[93] WEI R P. Material aging and reliability of engineered systems, in: R. D. Kane (Ed.), Environmentally Assisted Cracking: Predictive Methods for Risk Assessment and Evaluation of Material, Equipment and Structures, ASTM STP1401, 2000: 3-19.

[94] DOLLEY E J, LEE B, WEI R P. The effect of pitting corrosion on fatigue life [J]. Fatigue and Fracture of Engineering Materials and Structures, 2000, 23 (7): 555-560.

[95] TURNBULL A, HORNER D A, CONNOLLY B J. Challenges in modeling the evolution of stress corrosion cracks from pits [J]. Engineering Fracture Mechanics, 2009, 76 (5): 633-640.

[96] HORNER D A, CONNOLLY B J, ZHOU S, et al. Novel images of the evolution of stress corrosion cracks from corrosion pits [J]. Corrosion Science, 2011, 53 (11): 3466-3485.

[97] TURNBULL A, WRIGHT L, CROCKER L. New insight into the pit-to-crack transition from finite element analysis of the stress and strain distribution around a corrosion pit [J]. Corrosion Science, 2010, 52: 1492-1498.

[98] TURNBULL A. Corrosion pitting and environmentally assisted small crack growth [J]. Proceedings Mathematical Physical & Engineering Sciences, 2014, 470 (4): 1-19.

[99] ACUNA N, GONZALEZ-SANCHEZ J, KU-BASULTO G, et al. Analysis of the stress intensity factor around corrosion pits developed on structures subjected to mixed loading [J]. Scripta Materialia, 2006, 55 (4): 363-366.

[100] ZHU L K, YAN Y, QIAO L J, et al. Stainless steel pitting and early-stage stress corrosion cracking under ultra-low elastic load [J]. Corrosion Science, 2013, 77 (1): 360-368.

[101] CLARK WG, SETH B B, SHAFFER D H. Procedures for estimating the probability of steam turbine disc rupture from stress corrosion cracking [C] // ASME/IEEE Power Generation Conference, 1981.

[102] SCARF P A. A stochastic model of crack growth under periodic inspections [J]. Reliability Engineering & System Safety, 1996, 51 (3): 331-339.

[103] 黄洪钟．高强度螺栓应力腐蚀开裂的概率分析 [J]. 建筑机械，1993 (2): 23-26.

[104] 冯蕴雯，吕震宙，赵美英，等．应力腐蚀可靠性分析 [J]. 强度与环境，2000 (3): 27-30.

[105] 陈沛，查小琴，高灵清．未爆先漏 (LBB) 理论及其应用研究进展 [J]. 材料开发与应用，2013, 28 (4): 89-95.

[106] PARKER E R. Materials for missiles and spacecraft [M]. New York: McGraw-Hill, 1963: 204-229.

[107] SHARPLES J K，CLAYTON A M. A leak-before-break assessment method for pressure vessels and some current unresolved issues [J]. International Journal of Pressure Vessels & Piping，1990，43 (1-3)：317-327.

[108] 张钰，王丹，张风和，等．断裂韧度的两端截尾分布概率法设计 [J]. 机械设计与制造，1999，(6)：1-2.

[109] 陈钢，蒋浦宁，王炜哲，等．汽轮机部件应力腐蚀寿命评估方法研究 [J]. 热力透平，2012，41 (3)：179-182.

[110] 谈尚炯．核电汽轮机低压转子的应力腐蚀寿命预测建模及计算分析 [D]. 上海：上海交通大学，2013.

[111] 刘敏，陈士煊，霍立兴，等．奥氏体不锈钢焊缝金属断裂韧度概率分布的确定 [J]. 机械工程材料，2000，24 (4)：1-3.

[112] ONIZAWA K，NISHIKAWA H，ITOH H. Development of probabilistic fracture mechanics analysis codes for reactor pressure vessels and piping considering welding residual stress [J]. International Journal of Pressure Vessels & Piping，2010，87 (1)：2-10.

[113] 薛红军，吕国志．含裂结构脆性断裂的失效概率计算 [J]. 西北工业大学学报，2001，19 (2)：229-232.

[114] TOHGO K，SUZUKI H，SHIMAMURA Y，et al. Monte Carlo simulation of stress corrosion cracking on a smooth surface of sensitized stainless steel Type 304 [J]. Corrosion Science，2009，51 (9)：2208-2217.

[115] 祖新星，胡小锋，陈蓉．基于蒙特卡洛方法的转子应力腐蚀产生飞射物概率计算 [J]. 机械设计与研究，2014，30 (5)：84-87.

[116] 俞树荣，张俊武，李建华，等．无损检测模糊可靠度及缺陷模糊检出概率的分析计算 [J]. 无损检测，2002，24 (2)：47-52.

[117] 陈国明．模糊概率断裂力学 [M]. 东营：石油大学出版社，1999.

[118] DAS H C，PARHI D R. Detection of the crack in cantilever structures using fuzzy Gaussian inference technique [J]. AIAA Journal，2009，47 (1)：105-115.

[119] 丁克勤，傅惠民．裂纹尺寸模糊表征下的含缺陷压力容器 R6 评定方法 [J]. 压力容器，2002，19 (6)：9-11.

[120] LINDA C H，JIJI G W. Crack detection in X-ray images using fuzzy index measure [J]. Applied Soft Computing，2011，11 (4)：3571-3579.

[121] 周剑秋，程凌．在役核压力管道模糊失效概率的计算方法 [J]. 核动力工程，2006，27 (3)：47-52.

[122] 李强，刘学文．焊接结构模糊断裂失效概率近似计算方法研究 [J]. 机械强度，2001，23 (3)：299-301.

[123] ANOOP M B，RAO K B，LAKSHMANAN N. Safety assessment of austenitic steel nuclear power plant pipelines against stress corrosion cracking in the presence of hybrid uncertainties [J]. International Journal of Pressure Vessels & Piping，2008，85 (4)：238-247.

[124] 魏宝明，郝凌．点蚀引发的热力学和动力学 [J]．中国腐蚀与防护学报，1988，8 (2)：87-95.

[125] 魏宝明．金属腐蚀理论及应用 [M]．北京：化学工业出版社，1984.

[126] 查全性．电极过程动力学导论 [M]．北京：科学出版社，1976.

[127] 李远．316L 不锈钢在氯化钠溶液中的应力腐蚀研究 [D]．哈尔滨：哈尔滨工程大学，2011.

[128] 古特曼．金属力学化学与腐蚀防护 [M]．金石，译．北京：科学出版社，1989.

[129] OLTRA R，VIGNAL V. Recent advances in local probe techniques in corrosion research-analysis of the role of stress on pitting sensitivity [J]. Corrosion Science，2007，49：158-165.

[130] WEI R P. A model for particle-induced pit growth in aluminum alloys [J]. Scripta Materialia，2001，44 (11)：2647-2652.

[131] PISTORIUS P C，BURSTEIN G T. Metastable pitting corrosion of stainless steel and the transition to stability [J]. Philosophical Transactions Physical Sciences & Engineering，1992，341 (1662)：531-559.

[132] 田文明．304 不锈钢在 3.5%NaCl 溶液中的点蚀动力学研究 [D]．南昌：南昌航空大学，2013.

[133] 王威强，刘燕，苏成功，等．山东阳煤恒通化工股份有限公司双氧水氢化塔失效分析报告 [R]．济南：山东省特种设备安全技术工业研究中心，2014.

[134] 郁大照，陈跃良，段成美．多缺口应力集中系数有限元研究 [J]．强度与环境，2002，29 (4)：19-23.

[135] GENEL K，DEMIRKOL M，GULMEZ T. Corrosion fatigue behaviour of ion nitrided AISI 4140 steel [J]. Materials Science & Engineering A，2000，288 (1)：91-100.

[136] ERNST P，NEWMAN R C. Pit growth studies in stainless steel foils. I. Introduction and pit growth kinetics [J]. Corrosion Science，2002，44 (5)：927-941.

[137] ZHU L K，YAN Y，QIAO L J，et al. Stainless steel pitting and early-stage stress corrosion cracking under ultra-low elastic load [J]. Corrosion science，2013，77 (1)：360-368.

[138] ZHANG L，WANG J. Effect of temperature and loading mode on environmentally assisted crack growth of a forged 316L SS in oxygenated high-temperature water [J]. Corrosion Science，2014，87 (5)：278-287.

[139] 杜东海，陆辉，陈凯，等．溶解氧对高温水中冷变形 316L 应力腐蚀开裂的影响规律 [J]．上海交通大学学报，2014，11：1644-1649.

[140] LU Z，SHOJI T，TAKEDA Y，et al. The dependency of the crack growth rate on the loading pattern and temperature in stress corrosion cracking of strain-hardened 316L stainless steels in a simulated BWR environment [J]. Corrosion Science，2008，50 (3)：698-712.

[141] DÍAZ-SÁNCHEZ A，CASTAÑO V M. Determination of corrosion-assisted stress crack growth rate in 304L stainless steel welds [J]. Materials & Corrosion，2007，58 (1)：25-28.

[142] LU Z，SHOJI T，TAKEDA Y，et al. Effects of loading mode and temperature on stress corrosion crack growth gates of a cold-worked Type 316L stainless steel in oxygenated pure water [J]. Corrosion-Houston Tx-，2007，63 (11)：1021-1032.

[143] 苏成功．不锈钢性能测试的自动球压痕试验法研究 [D]．济南：山东大学，2015.

[144] ZHENG R S. Cause analysis and measures of stainless steel metal corrosion in heat-affected and weld zones. Welding Technology 2003；32（6）：60-61.

[145] HU X，RENB X，CHEN X，et al. A study on the corrosion of 316L stainless steel in the media of high-pressure carbamate condenser. In：Proceedings of the Asian-Pacific corrosion control conference，8th ed. Bangkok，December 6-11，1993（C）：237-244.

[146] Lu S Y，Zhang D K. Stress corrosion cracking of stainless steel. Science Press，1977.